THÉONOMIE

DÉMONSTRATION SCIENTIFIQUE

de

L'EXISTENCE DE DIEU

THÉONOMIE

DÉMONSTRATION SCIENTIFIQUE

DE

L'EXISTENCE DE DIEU

PAR

CHARLES FAUVETY

—

NOUVELLE ÉDITION

PARIS
LIBRAIRIE FISCHBACHER
33, RUE DE SEINE, 33

1897

Note de l'Editeur

*Nous publions un livre sur Dieu à une époque où plus personne ne veut entendre parler de Dieu. Et cependant nous sentons la nécessité pressante de cette publication, car nous croyons de plus en plus à l'utilité morale et sociale de l'idée de Dieu. Qu'on veuille bien remarquer qu'il ne s'agit point ici, dans ce volume, d'*inventer Dieu, *parce que Dieu est moralement et socialement utile à la vie des peuples. Voltaire a pu professer cette opinion : « que si Dieu n'existait pas, il faudrait* l'inventer. » *Nous pensons, nous, au contraire, avec l'auteur de ce livre, M. Charles Fauvety, que si Dieu n'existait pas, il faudrait le déclarer hautement à* *toute la terre, car la Vérité à nos yeux passe avant toutes choses. Si donc nous affirmons l'idée de Dieu, nous désirons qu'on sache bien que ce n'est point parce que nous croyons uniquement à l'utilité morale et sociale de cette idée, mais bien parce que nous sommes persuadés de l'existence de l'Etre par excellence qui contient tous les êtres, et qui est comme l'âme et la réalité vivante de tout ce qui est. Dieu, pour l'auteur de ce livre, comme pour l'éditeur, est* un fait scientifique. *C'est donc bien, comme le titre de ce livre l'indique, une explication scientifique de Dieu que nous sommes heureux d'offrir au public. Mais c'est aussi une Science nouvelle que nous apportons à nos contemporains, et que M. Fauvety a si heureusement nommée* Théonomie. *Le mot* Théonomie, *de* Theos, *Dieu, et* Nomos, *Loi, ne signifie rien de plus dans la pensée de M. Fauvety, que ce que dit si clairement l'alliance de ces deux mots : DIEU-LOI.*

Mais ce néologisme a cet avantage d'exprimer l'identité *de* la Science *et de* la Loi. *La Science n'existe que parce qu'il y a des lois, et une* Loi suprême *qui les relie et les embrasse toutes. Il ne peut pas y avoir de science réelle quand la science ne s'appuie que sur les phénomènes. Les phénomènes font connaître l'existence des lois et servent à les* découvrir, *mais la réalité parfaite est dans la Loi et non pas dans le phénomène séparé de la Loi, qui le domine et le régit. Nous ne pensons pas que dans aucun autre ouvrage sur Dieu, cette manière d'envisager l'idée de Dieu ait jamais été employée. Nous espérons que ceux qui liront le travail de M. Fauvety concluront comme il a conclu lui-même, et propageront à leur tour une idée qui est l'affirmation de la Vérité la plus scientifique, puisqu'elle est, dans sa source, la plus vivante et la plus réelle.*

L'Editeur.

PRÉFACE DE L'AUTEUR

Plusieurs personnes se sont imaginé que notre livre la *Théonomie* avait pour but d'attaquer le christianisme et d'en saper les bases. Telle n'a pas été l'intention de l'auteur. Si le christianisme est attaqué dans ce livre, ce n'est pas pour le saper dans ses bases; mais pour l'améliorer et le mettre en harmonie avec la raison humaine.

Car il faut qu'on sache que toutes les religions de l'antiquité ont été faites pour les âges d'enfance de l'humanité. Le Christianisme, qui remonte à Alexandre le Grand, à la fondation d'Alexandrie et de son école philosophique, aurait tout à gagner à être mis en rapport avec notre civilisation moderne! Pourquoi les religions ne progressent-elles pas comme toute chose au monde? Parce qu'on leur a attribué une origine divine.

Eh bien! nous croyons que ce qui sépare le plus cette religion de la société actuelle, ce sont ses prétentions au surnaturel. Le miracle n'est plus de notre temps. Nous savons, avec le magnétisme, comment se font les miracles. Nous savons également, par la science, comment on se sert des forces de la nature, et l'hypnotisme nous a appris comment on s'empare de la volonté des individus doués d'une raison un peu vacillante, pour leur prendre leur volonté et en disposer à son gré.

C'est pourquoi tout ce qui regarde le merveilleux doit être éliminé de la religion aussi bien que de la science. A cette condition, la religion peut progresser.

Si la religion ne progresse pas, elle sera balayée de la surface de la terre, car tout marche dans le monde, et rien ne se reproduit qu'en se transformant, et en avançant vers le mieux.

Le titre de notre livre *Théonomie : Dieu-Loi*, affirme l'identité de la loi naturelle et de la personnalité divine.

Ce mot : Théonomie est de mon invention ; mais la théorie n'est pas de moi, l'honneur de l'idée appartient à Montesquieu. Elle remonte au milieu du XVIIIe siècle, à l'année 1753.

Seulement cette idée ne fut pas comprise par les contemporains de l'auteur ; elle ne l'est pas encore aujourd'hui par les hommes de notre génération.

Qu'il nous soit permis de l'expliquer en en donnant l'exposition littérale, que chacun peut lire au premier chapitre de l'*Esprit des Lois*. L'idée est à la portée de tout le monde, cependant nous sommes obligés de la faire valoir par nos explications, et en la comparant au système chrétien (le seul connu du vulgaire).

Dès le premier chapitre, Montesquieu s'exprime ainsi : « Les lois, dans la signification la plus » étendue, sont les rapports nécessaires qui dé- » rivent de la nature des choses ; et, dans ce sens, » tous les êtres ont leurs lois : la Divinité a ses » lois, le monde matériel a ses lois, les intelligences » supérieures à l'homme ont leurs lois, les bêtes » ont leurs lois, l'homme a ses lois. »

Ainsi tous les êtres ont leurs lois, Dieu lui-même a ses lois, dont il dépend comme nous dépendons de toutes les lois de la nature. C'est là une condition toute nouvelle faite à Dieu comme à l'homme, qui se trouve ainsi égal, au moins en nature, à Dieu, et, par conséquent, capable de l'imiter dans une certaine mesure. L'abîme qui avait été creusé entre Dieu et l'homme n'existe donc plus. Du reste, c'est le mot de Jésus : Il est écrit « *Vous êtes tous des Dieux ?* »

Montesquieu dit ensuite : « Il y a donc une raison » primitive, et les lois sont les rapports qui se » trouvent entre elle et les différents êtres, et les » rapports de ces êtres entre eux. »

Nous demandons la permission d'insister sur le mot *rapport*. Il a une importance énorme ; car les rapports ne sont pas de simples phénomènes, comme on l'a cru. Les rapports sont des lois qui lient entre eux les êtres, et qui les suspendent en quelque sorte à la grande chaîne de la vie. On voit ainsi d'un seul coup d'œil l'immensité de cette révélation : il n'y a que des êtres et des rapports qui lient les êtres entre eux. Ainsi, par exemple, un enfant vient au monde, il semble que ce ne soit là qu'un phénomène banal. Eh bien ! c'est un rapport nouveau qui vient de s'établir dans le monde. Une foule d'autres rapports vont en résulter. Ce nouvel être va avoir des rapports avec la femme qui l'a conçu et mis au monde. Après le temps nécessaire, deux fontaines de lait vont jaillir du sein de la femme, et une autre série de nouveaux rapports vont surgir entre la mère et l'enfant, la famille et la société tout entière.

Ainsi, voilà l'humanité qui se continue et se renouvelle toujours à la suite de ce premier rapport, conformément à la loi d'amour et de mariage. La nature, qui est avant tout une loi d'amour, va s'étendre de génération en génération, de sorte que l'humanité formera une continuité d'êtres qui se perpétuent.

Le rapport que nous signalons est frappant ; il y en a d'infinis. C'est toujours par leurs rapports que les hommes sont liés les uns aux autres. On peut étendre la loi et la constater toujours la même sur toute la nature.

Nous n'avons pas besoin de dire qu'il y a une

foule de rapports moins intéressants; mais ils ont tous leur importance, parce que tous appartiennent à la vie de la nature ou à la vie de l'humanité, et qu'on peut dire que c'est là le tissu même dont la vie est faite. Eh bien ! nul ne peut en dire autant pour les simples phénomènes. Sans doute, un fait est toujours un fait ; on ne peut pas faire qu'une chose ne soit pas arrivée ; mais un fait par lui-même peut être insignifiant, tandis qu'un rapport, c'est-à-dire *une loi*, ne l'est jamais.

Il faut croire que Kant ne connaissait pas la définition de Montesquieu, lorsqu'il ne se contentait pas, lui non plus, du phénomène seul, et qu'il cherchait un *nouméne*, que depuis lors la plupart de ses disciples ont abandonné.

Le mot *nouméne* est évidemment l'idée de rapport qui n'était pas clairement conçue sans doute par le grand philosophe, et cependant, au fond, il était facile de voir que c'est bien *la loi* que Kant cherchait. C'est qu'en effet, comme dit Montesquieu, le rapport est bien l'équivalent de la loi. Ce n'est pas ici le lieu d'indiquer l'importance de cette lacune, qu'en supprimant les rapports, on a laissé exister dans la théorie de cette grande conception de la vie. Mais nous devons avant tout constater que cette théorie date déjà, en France, du dix-huitième siècle, alors que l'idée de Kant est restée pleine d'obscurité et a été stérile aux mains de ses successeurs. Nous croyons qu'on ferait bien de réparer cet oubli. Il suffirait pour cela d'accepter l'explication de Montesquieu.

Presque toutes les lois de la nature résultent de la nécessité d'établir des rapports entre les êtres. Et cette nécessité est encore plus grande quand il s'agit de l'espèce humaine. La nature en suscite toujours de nouveaux. Et l'on peut dire que la vie de l'homme ne consiste guère que dans les rapports qu'il ne cesse d'avoir avec ses semblables et avec tout ce qui est, car avant tout l'homme est un être social.

Nous ne voulons pas insister sur ce sujet ; mais il convient que nous fassions observer combien le monde se trouve simplifié quand l'homme n'a plus à se préoccuper du miracle, et qu'il ne voit en Dieu que la *loi* elle-même, qu'il doit suivre avec tout ce qui est. Tout se réduit alors à un état de pondération et d'harmonie universelle.

Cette manière de comprendre Dieu, c'est bien le commencement de l'ère indiquée par Jésus, disant à la Samaritaine : « *Bientôt l'heure viendra et elle est déjà venue où l'on n'adorera Dieu qu'en esprit et en vérité !!!*

Car l'esprit et la vérité ne sont que dans les lois de la raison et non ailleurs.

Nous proposons donc qu'on s'en tienne aux lois de la raison, et qu'on abandonne le Dieu du miracle, et celui de toutes *les fois*, révélées ou non révélées, qui s'en écartent.

Qu'il nous soit permis de dire, en passant, que si du temps de Montesquieu, on avait suivi ses conseils, et adopté sa manière de voir, nous serions bien plus avancés que nous ne sommes. Le Christianisme, sans doute, est une religion très intéressante ; mais nous sommes obligés de faire observer que cette religion, comme toutes les religions de l'antiquité, appartient d'une part à la fable ; d'autre part, aux âges d'enfance de l'humanité, comme nous l'avons déjà dit plus haut. Le christianisme fut d'abord une religion égyptienne ; elle ne devint Juive que plus tard, par l'influence prépondérante des Juifs qui dépouillèrent les dieux Egyptiens au profit de leur dieu Jehova.

S'il est vrai que nous soyons arrivés à un âge où l'homme est capable de se gouverner lui-même, il convient de traiter les hommes comme des hommes et non comme de petits enfants.

Le christianisme existe, nous ne demandons pas qu'on le détruise. On ne change pas facilement les religions qui ont pénétré dans les mœurs et les habitudes ; mais nous voudrions que, si l'on conserve celle-là, qui est très vieille, puisqu'elle remonte à Alexandre le Grand, on commençât de suite par en élaguer tout ce qui s'y trouve de contraire au bon sens et à la vérité.

Cela dit, revenons à la définition de Montesquieu. Et d'abord faisons remarquer ce qu'elle a de nouveau et de particulièrement humain. Dès la première ligne de son exposition, il dit nettement : « Tous les êtres ont leurs lois, l'homme a ses lois, Dieu a les siennes » ; mais ce qu'il y a de beau dans cette définition de Montesquieu, c'est que ces lois n'ont rien d'arbitraire, comme celles, par exemple, de Jehova, ou de tout autre dieu de fantaisie. Ces lois sont contenues dans le fait lui-même, dans la chose qu'il s'agit d'expliquer, chose toujours naturelle, et jamais imaginée à plaisir. Il s'agit toujours des lois de la nature ou de la conscience.

Elles découlent donc de l'ordre universel, et dès ce moment, l'ordre universel domine tellement toute la création, qu'il suffit de le respecter pour se trouver dans l'harmonie des choses, c'est-à-dire dans les lois même de Dieu.

Le miracle est donc bien chassé du monde, l'ordre y règne de toute part, et je défie qui que ce soit de le violer impunément.

I

DÉMONSTRATION SCIENTIFIQUE DE L'EXISTENCE DE DIEU

THÉONOMIE

CHAPITRE Ier

DÉMONSTRATION SCIENTIFIQUE DE L'EXISTENCE DE DIEU

I. — Pour faire sortir la notion de Dieu du domaine de l'idéal et en faire l'objet d'une démonstration positive, il faut que nous puissions déterminer son rôle dans le monde physique, son fonctionnement dans l'univers matériel. Comme nous ne pouvons douter de l'existence de cet ensemble de choses qui affecte tous nos sens et que nous nommons *le monde*, *les mondes* ou *l'univers*, si nous pouvons établir l'indispensabilité de la fonction divine par rapport à tout ce qui se manifeste à nos regards, nous aurons posé la réalité de Dieu à côté de la réalité de l'Univers et prouvé l'invisible par le visible.

Il doit être bien entendu que nous ne cherchons pas Dieu hors de l'Univers. L'Univers étant pris pour l'ensemble des choses, il y aurait contradiction à chercher quoi que ce soit hors de l'Univers. En dehors de la notion d'Univers, pris pour ce qui est, il ne peut y avoir pour notre esprit que l'idée négative du néant, du non-être, de ce qui n'est pas, en un mot : RIEN.

D'une autre part, Dieu n'est pas à chercher dans telle ou telle partie de l'Univers, car si Dieu est, il faut qu'il soit l'être par excellence, l'existence élevée à sa plus haute perfection.

Il est, il est, il est, il est éperdument

selon le beau vers du Poète.

En cherchant le Dieu de l'Univers, nous ne cherchons pas le Dieu de quelques-uns, mais le Dieu de tous. Pour être le Dieu de tous, il faut que *ce que* nous désignons par ce mot soit une réalité vivante, ayant des rapports avec tout ce qui est. Or, quel est l'être dans le monde qui puisse avoir des rapports avec tous et comment nous le représenter ? Cet être, c'est l'existence même de l'Univers conçu dans son unité. En un mot, c'est l'*Unité universelle.*

Mais l'unité universelle existe-t-elle réellement ? Qui l'a vue ? Qui peut la montrer à nos regards ? La rendre accessible à nos sens ? Personne sans doute, mais nous pouvons la concevoir, la voir par les yeux de l'esprit et, l'ayant comprise, la représenter par une figure, par un schème qui la rende sensible à tous et accessible à toutes les intelligences.

Nous n'avons pour cela qu'à tracer un cercle (1) avec son centre, ses rayons et sa circonférence; mais avant de figurer la conception de la vie complète, à la fois une et multiple, nous voulons montrer ce que serait la vie réduite à la pluralité phénoménale et quel serait l'état des êtres particuliers sans moyens de rapport avec l'unité universelle, en un mot le *monde sans Dieu*. Nous essaierons de

---

(1) En fait, il n'y a pas à chercher une autre représentation matérielle de l'Unité universelle que l'Univers lui-même pris dans son ensemble et manifestant les splendeurs incommensurables de la pensée divine, mais au milieu de toutes ces splendeurs, la forme sphérique, et particulièrement la sphère rayonnante, comme celle de notre soleil et de ces millions d'astres qui brillent à nos regards, et roulent comme lui, dans l'espace sans borne, est la forme qui exprime le mieux le double aspect d'Unité et de diversité, sous lequel toutes choses nous apparaissent. Seulement, comme il s'agit surtout ici de faire saillir à la vue de l'esprit le rôle de l'unité, la diversité phénoménale n'ayant pas besoin d'être prouvée, puisqu'elle est objective et tombe sous les sens, nous avons pu nous borner à la figuration beaucoup plus simple du cercle.

faire comprendre cette situation imaginaire du monde au moyen d'un schème où sont représentés par des points, un nombre quelconque d'êtres distincts isolés les uns des autres.

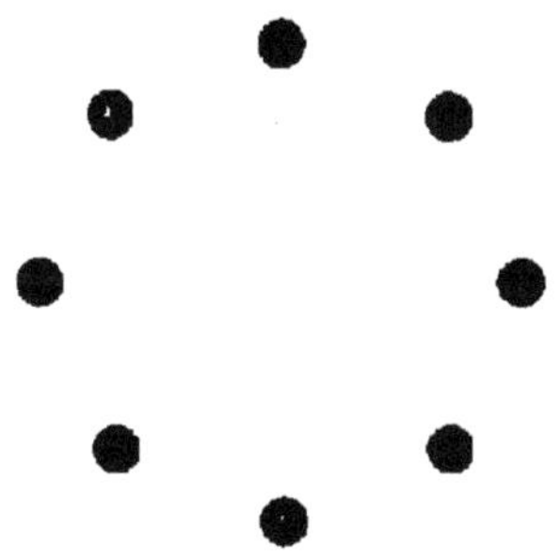

Chacun de ces points étant pris pour une individualité parfaitement indépendante, une telle figure peut bien nous donner une certaine idée de la liberté ; mais en admettant que nous ayons ainsi représenté la liberté sous sa forme absolue, à quoi nous servira-t-elle ? Ne sera-t-elle pas inutile et inféconde tant que les individualités qui la possèdent seront dépourvues de moyens de rapports. Mais pouvons-nous mettre ces individualités en relation les unes avec les autres sans porter atteinte à leur liberté, à leur autonomie, à leur indépendance ? Telle est la question.

Pour cela, suffira-t-il de prolonger une ligne allant de chaque point vers son voisin de droite et de gauche afin d'établir des rapports réciproques entre les voisins immédiats ? Faisons-le donc pour tous les points situés sur le même plan circulaire.

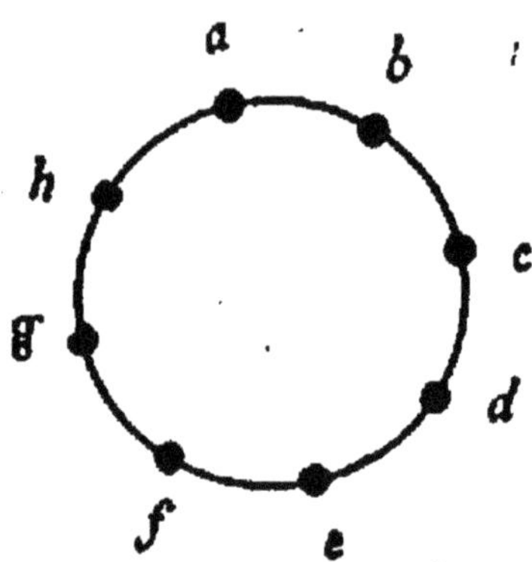

Voilà bien tous nos points, qui nous représentent, ne l'oublions pas, des centres d'activité placés sur le même plan, c'est-à-dire des êtres vivants, et, si l'on veut, de même espèce, les voilà tous, disons-nous, rattachés fraternellement les uns aux autres. Seulement il est facile de voir que la mutualité de leurs rapports ne peut dépasser, pour chacun d'eux, ses deux voisins les plus proches. Le point *a* ne peut communiquer librement qu'avec *b* et avec *h*. Il est sans relations possibles avec tous les autres. Il ne pourrait atteindre *e*, par exemple, sans envahir successivement la sphère d'action de *b*, de *c*, de *d*, qui feront tout pour l'en empêcher. La situation est la même pour tous les autres. De sorte que comme chacun de ces centres d'activité ne peut se mouvoir que jusqu'à la limite de la sphère d'action de son voisin de droite et de son voisin de gauche, il se trouve condamné, s'il ne veut troubler l'ordre, à n'avoir d'autre mouvement propre que l'éternel balancement du pendule. C'est assez pour l'équilibre des graves, mais quel triste sort pour un être vivant.

Tel est le résultat d'un concept qui, ne tenant compte que de l'aspect multiple des choses, ne voit, dans le monde, que des phénomènes, dans la société, que des individus, et néglige, dans l'être, cette unité qui fait sa synthèse et sa vie, c'est-à-dire l'être lui-même.

Heureusement tout change de face lorsque acceptant à la fois l'unité et la pluralité, on les pose comme les deux conditions nécessaires de tout ce qui est.

Revenant à la figure que nous avons choisie pour nous aider à expliquer notre pensée, nous présenterons notre schème dans son état parfait. C'est un cercle complet avec indication du centre, des rayons et de la circonférence, où nous laissons exister les points qui figurent les êtres dans leur individualité et dans leur distinction.

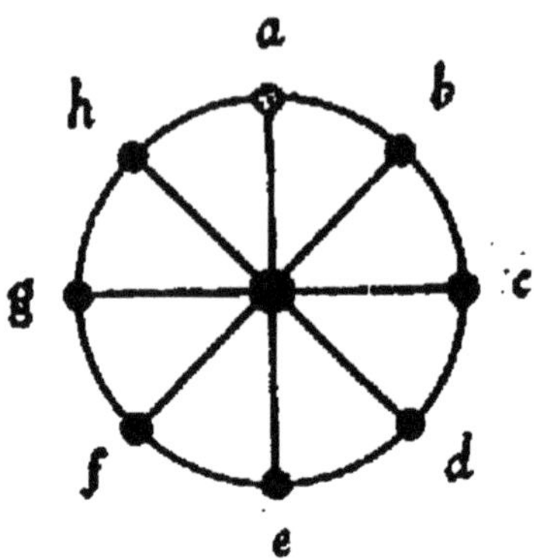

Il suffit de jeter les yeux sur cette figure pour reconnaître que si tous les points de la circonférence sont pris pour des êtres doués d'une activité propre, ces êtres, quel que soit leur nombre, peuvent se correspondre sans abjurer leur liberté et sans avoir besoin d'envahir la sphère d'action de leurs proches. Il a suffi pour cela de les faire rayonner vers un centre commun. Grâce au centre du cercle et à ses rayons, un double courant peut s'établir allant du centre à la circonférence et de la circonférence au centre. Dès lors la communion se fait, les discords ramenés à l'unité s'effacent, toutes les relations s'harmonisent, et les rapports de chacun, en s'universalisant au sein de l'unité, profitent également à tous.

Telle est la fonction divine. Elle se confond, on le voit, avec le principe de solidarité dont on vient de rappeler la formule : « Tous pour chacun, chacun pour tous. »

C'est pourquoi, lorsqu'on a compris le rôle de Dieu dans le monde, on a résolu aussi le problème social. On sait alors que pour réaliser sur la terre ce que l'Evangile nomme le « royaume de Dieu » et que nous nous contenterons d'appeler l'harmonie sociale, il faut concevoir la société de telle sorte que tous les principes sociaux y soient universalisés et en relient également tous les membres. Ainsi étant donnée la devise *liberté, égalité, fraternité* comme offrant les éléments d'une bonne organisation politique, ces trois termes resteront stériles s'ils ne sont fécondés par *la solidarité* qui complète le divin tétragramme, et, en faisant communier entre eux les autres termes, permet à chacun de voir ses forces multipliées par la force de tous. Là où la solidarité coexiste avec les autres principes, on a la liberté pour tous, l'égalité de tous, la fraternité envers tous et chaque progrès accompli profite à la communauté tout entière. Enfin, les libertés égales et fraternelles, lorsqu'elles sont solidarisées, réalisent le règne de *la justice*, qui est aussi l'un des noms de Dieu. Sans elle, point de société véritable.

Si nous sommes parvenus à nous faire comprendre, on doit savoir maintenant ce que nous entendons par le mot Dieu, et il nous sera permis de demander si l'on peut encore être athée, alors qu'il suffit, pour ne l'être point, de reconnaître qu'il y a de l'ordre dans le monde, que l'unité coexiste partout avec la diversité, qu'il y a unité universelle en même temps que phénoménalité universelle, en d'autres termes, que l'univers n'est pas seulement divers et changeant et multiple, mais qu'il est aussi UN et Solidaire dans toutes ses parties. Eh bien, constater l'unité de l'univers ou la solidaraité universelle, c'est confesser Dieu et comprendre son rôle dans le monde et par rapport à tout ce qui est. C'est déjà savoir de quoi on parle, quand on en prononce le nom.

Hâtons-nous cependant d'ajouter que si notre schème du cercle avec son centre, ses rayons et sa circonférence, peut servir à faire comprendre la notion de Dieu, il ne le fait pas connaître dans son essence et dans tous ses attributs.

Mais y a-t-il en Dieu d'autres attributs que ceux que les phénomènes de l'univers nous manifestent et une autre essence que les lois qui régissent ces phénomènes? En tout cas, ce qu'il nous importe de connaître de Dieu, ce sont d'abord ses rapports effectifs avec nous-mêmes, avec les autres êtres, avec les mondes, en un mot, avec tous les *objets* qui peuvent se trouver à la portée de nos sens et de notre entendement. Or, c'est là l'œuvre de la science, de toutes les sciences, celles qui embrassent l'homme physique, intellectuel et moral dans son devenir à travers le temps, comme celles qui s'appliquent aux êtres et aux choses de la nature terrestre et à l'ensemble du cosmos. Plus l'esprit humain avancera dans la connaissance de l'univers, mieux il comprendra les lois de la vie et de la conscience, plus et mieux il connaîtra et comprendra Dieu. Ce qui revient à dire que du moment où nous identifions les *lois de Dieu* avec celles de la nature et de la conscience, la vieille théologie surnaturaliste n'a plus de raison d'être, et toute science ayant l'homme et le monde pour objet, devient théonomie (1).

Mais on insiste, et l'on nous demande comment

(1) Le mot théonomie, composé du grec *Theos*, Dieu, et *Nomos*, loi, signifie donc que *Dieu a ses lois*, comme tous les êtres ont leurs lois. Ce n'est qu'à cette condition qu'il peut devenir objet d'étude et qu'il peut y avoir une Science de Dieu. Si Dieu est au-dessus des lois de l'univers et peut

nous entendons connaître Dieu par l'observation et l'étude des faits cosmiques, naturels et humains, alors que ces faits appartiennent aux sciences du Cosmos ou monde physique, de la nature terrestre et de l'être humain, lesquelles ne s'occupent nullement de Dieu?

Nous répondons que si tous les rapports aboutissent à l'unité universelle et que l'unité universelle soit identique à l'idée que nous nous faisons de Dieu, il n'est pas une seule loi de l'univers qui ne nous révèle une qualité de Dieu et ne nous fasse ainsi connaître l'un de ses attributs.

Il suffit de mesurer du regard l'immensité de l'univers pour avoir une idée de la puissance divine et chaque découverte que fait l'astronomie, à l'aide des lois de la gravitation, en confirmant notre confiance à l'ordre cosmique, nous autorise à faire du principe d'ordre l'un des attributs de cette Puissance.

Par cela seul aussi que nous voyons la vie ré-

---

les enfreindre par le miracle, toute théologie est fantaisiste et arbitraire. Il en a été ainsi dans le passé. La théologie a été jusqu'ici une science vaine et sans résultat pour le progrès de la raison humaine. — Elle n'a même guère servi qu'à détraquer les cerveaux.

pandue à la surface de la terre et individualisée dans cette multitude d'êtres du règne végétal et animal, il nous est permis d'affirmer qu'il y a de la vie dans le monde, et nous n'avons pas même besoin de savoir qu'elle se rencontre également sur les autres planètes pour avoir le droit d'affirmer que la vie est un des attributs de Dieu.

Il en est de même de l'intelligence. Elle est partout où est la vie, et lorsqu'elle devient réfléchie et consciente, elle se nomme *raison*. Eh bien, dès lors que les animaux, sur la terre, possèdent, à des degrés divers, une certaine somme d'intelligence, et que l'homme est doué de raison, nous sommes fondés à attribuer à Dieu l'intelligence et la raison consciente, et nous pouvons sans crainte de nous tromper, le nommer le « *Moi conscient de l'univers* ».

Et c'est en vain que l'on prétendrait que ce sont là des abstractions, des entités métaphysiques. Je réponds que si on reconnaît que ces qualités d'ordre, de vie, d'intelligence, de raison (et tant d'autres que nous pourrions citer) se rencontrent dans l'univers et s'y manifestent d'une façon permanente, elles doivent nécessairement se retrouver dans l'unité universelle par la grande raison qu'on doit retrouver dans la synthèse tous les éléments constatés par l'analyse. Donc, prouvez qu'il n'y a ni ordre, ni vie, ni intelligence, ni conscience dans l'univers, ou résolvez-vous à proclamer en Dieu ces mêmes qualités, et non pas dans la mesure où vous les avez constatées dans les êtres particuliers, mais universalisées et élevées à la plus haute puissance que nous puissions concevoir, celle de l'infini, de la perfection, de la plénitude.

En résumé, contrairement à l'opinion répandue dans le vulgaire et généralement professée par les philosophes, même lorsqu'ils se disent Déistes et qu'ils reconnaissent, sous l'un ou l'autre de ses noms, l'existence nécessaire de l'*infini*, de l'*absolu*, de l'*Eternel*, nous prétendons qu'il nous est donné de connaître Dieu, sinon dans son essence, ce qui nous paraît superflu, du moins dans ses rapports avec nous-mêmes et avec les autres êtres, et, pour mon compte, j'espère bien être admis un jour « à le contempler face à face » — ainsi que s'exprime l'*Ecriture*, en son langage métaphorique. Mais cet espoir qui me possède suppose l'immortalité de l'âme et la pérennité du moi humain dans des vies toujours renaissantes. Or, c'est là une question de foi personnelle. Laissons cette question incidente et restons sur le terrain de la science positive.

Je dis *science positive,* parce qu'en effet Dieu devient objet de science et de connaissance positive du moment où, *sachant enfin ce que nous disons en parlant de Dieu* — ceci est nouveau, — nous entendons par ce terme, non plus une idée vague ou un « concept appartenant à la catégorie de l'idéal », mais une réalité vivante. Et quelle réalité plus grande, plus objective, plus vivante que l'existence universelle, prise dans son unité synthétique, c'est-à-dire au point suprême où aboutissent tous les rapports et où, par conséquent, l'univers, dans sa pluralité indéfiniment variée et changeante, se possède dans son *tout!*

N'est-il pas évident que la question de Dieu ainsi posée n'en est plus une et que la théologie devenue *théonomie* n'est plus que la science des *lois de Dieu* étudiées dans toutes les manifestations de la nature, dans tous les êtres, dans tous les mondes, dans tous les phénomènes de l'univers?

Après avoir essayé de faire comprendre, non pas seulement aux lettrés, aux érudits, aux savants, mais à tous ceux qui, sachant lire, ont voulu nous lire avec attention, ce que doit être l'idée de Dieu pour être quelque chose ; après avoir montré que Dieu, identifié avec l'unité universelle, ne peut plus être pris pour une vaine abstraction puisqu'il représente la plus grande et la plus incontestable de toutes les réalités, celle de l'univers dans sa synthèse, il nous sera permis de faire remarquer que nous ne procédons pas autrement pour concevoir Dieu, unité universelle ou moi conscient de l'univers, que pour concevoir l'homme, un homme, vous ou moi, par exemple. Je suis autorisé à affirmer le *Moi divin* comme le *Moi humain*, parce que l'univers, dans son objectivité changeante, variée et multiple, manifeste l'existence de Dieu absolument comme mon corps manifeste mon existence, comme votre corps manifeste la vôtre. Seulement, il faut bien prendre garde que ce corps qui manifeste votre *Moi*, n'est pas votre moi lui-même, pas plus que l'univers, qui est le corps du moi divin, ne peut être confondu avec le moi divin. C'est dans l'unité qu'est la synthèse de tous les rapports; c'est dans son unité propre que l'homme se connait, se possède et se réfléchit. C'est aussi dans son unité synthétique que l'existence universelle se réfléchit, se connaît et se possède. C'est là vraiment qu'est la réalité de l'univers. Elle n'est pas dans ce qui passe et change sans cesse. Dieu s'appellera toujours l'Eternel.

Ainsi *le grand et le petit monde* sont conçus par le même procédé de notre intelligence. Et comment en serait-il autrement quand le *microcosme* n'est que le reflet ou l'image réduite du *macrocosme* tirée à un nombre indéfini d'exemplaires !

L'Evangile, du reste, avait exprimé la même vérité, lorsqu'il fait dire à Jésus : « Nul n'arrive au père que par le fils. » Ce qui signifie que c'est par l'homme-humanité qu'on comprend l'Etre universel et par l'unité humaine qu'on s'élève à l'unité divine.

Est-il maintenant nécessaire de démontrer que Dieu, pris comme la plus grande de toutes les réalités, la réalité par excellence, ne cesse pas pour cela de nous apparaître comme l'idéal suprême? N'est-ce pas justement parce qu'il est *Celui* qui universalise tous les rapports et en réalise ainsi l'harmonie, qu'il se trouve contradictoire au néant, au mal, à l'erreur, à l'iniquité, au désordre et peut être donné comme le type exemplaire de toutes les perfections en même temps qu'il offre à l'esprit humain, voué à la recherche du vrai, un infaillible critérium de certitude?

J'éprouve le besoin de revenir sur le scheme, dont le dessin a été tracé ci-dessus. Quelques explications complémentaires ne seront pas ici hors de propos.

Lorsque je figure l'Etre par un cercle dont le centre est A, dont chaque point de la circonférence est B, il est évident que la distance de A à B est constante; sans quoi tous les rayons du même cercle ne seraient pas égaux. Ce scheme figure bien l'Etre dans ses trois fonctions essentielles d'individualité, d'universalité et de rapport (ou de particularisation, de généralisation et de loi), et l'on ne peut accepter la figure sans accepter la conception qu'elle représente.

Si l'on veut maintenant suivre, à l'aide de ce schématisme, le dynamisme de l'Etre, on reconnaîtra que le rayonnement qui va du centre à la circonférence, pour revenir de la circonférence au centre, établit entre ces deux termes une double circulation. Le mouvement centripète correspond à un mouvement centrifuge équivalent, et il n'y a point de perte possible. Oui, sans doute, c'est au centre que les points de la circonférence puisent les motifs, les éléments de leur incessant devenir, mais ces éléments que chaque auto-dynamisme réalise selon les lois de la nature et en raison de sa puissance spécifique, restent dans la circulation générale. Chaque individu, chaque virtualité, en se les appropriant, les transforme et leur communique les qualités qui lui sont propres. C'est enrichis de ces acquisitions nouvelles qu'ils retournent à l'Universel, source infinie où chaque activité spéciale va sans cesse puiser et reporter la vie.

Ainsi, tout ce qui vient du centre commun se DÉTERMINE dans les points particuliers de la circonférence, tout ce qui part des points particuliers de la circonférence va s'UNIVERSALISER au centre commun, et comme les rayons sont égaux, la distribution est égale à la production, l'action et la réaction se valent. Et tout se passe dans les limites du cercle, qui figure ici l'Etre tout entier : en dehors de l'Etre, il n'y a rien : l'Etre est tout ce qui est.

Mais pour bien comprendre comment les êtres progressent, il faut d'abord renoncer à l'ancienne acception du mot *création*.

L'Etre n'est pas sorti du néant à un moment donné. Rien ne vient de rien. Il n'a pas été créé au commencement. L'idée du commencement de l'univers est contradictoire, parce que le concept de ce qui est universel est adéquat à l'absolu et qu'il implique de dire que l'absolu a commencé.

Aucune fécondité n'est possible à l'être solitaire. La création est incessante, parce que le particulier et l'universel coopèrent dans tout ce qui est. Idéaliser le réel, réaliser l'idéal, tel est le but de la création éternelle. Ce balancement, ce va et vient que nous appelons la vie et la mort, mais qui n'est que le branle de l'être dans le temps et dans l'espace, c'est là le grand œuvre, œuvre d'ascension, de développement, de progrès et aussi de transformation et de renouvellement.

La création est tout cela. Ouvriers avec Dieu, tous ces êtres s'y emploient conscients ou inconscients; car, dans l'immense atelier de l'univers, tout travaille, tout concourt, tout coopère. A une production infiniment variée correspond une distribution universellement infinie, réglée par l'équivalence d'une double circulation qui, en rayonnant de la circonférence au centre et du centre à la circonférence, enrichit sans cesse l'universel de tout ce que produit le particulier, met à la disposition de chaque coopérateur le capital commun et multiplie la force de chacun par la somme de toutes les forces.

Tel est le fonctionnement de l'être dans la figure dont je me sers pour représenter la nouvelle conception. Ai-je besoin d'ajouter que c'est aussi le type idéal de l'humaine société et le modèle de perfection que doit se proposer toute association de travailleurs. Et ce modèle idéal, n'est-il pas déjà dans l'esprit d'un très grand nombre? Et faisons-nous autre chose qu'accoucher des âmes et que formuler ce qui déjà existe dans le sentiment de nos contemporains?

Je n'ai pas besoin de faire ressortir combien un tel sujet comporte d'aspects et peut prêter à des développements utiles à l'intelligence des choses. Mais ces développements, chacun peut les trouver et les suivre. Le principe posé, la voie ouverte, il n'y a plus qu'à en tirer logiquement les conséquences et à en faire de sages applications.

II. — Une question nous a été souvent posée par nos adversaires? Votre Dieu est-il ou n'est-il pas personnel? Bien que ce qui a été dit plus haut réponde clairement à cette question, nous croyons utile de revenir sur ce point. Notre notion de la

Divinité est accessible à toutes les intelligences. Si on ne la comprend pas à première vue, c'est qu'on s'obstine, comme ont toujours fait les théologiens, à *inventer* Dieu, au lieu de se contenter de le voir là où il est, c'est-à-dire partout où l'unité se manifeste.

Or, pour l'homme, il ne se manifeste nulle part plus clairement que dans l'homme lui-même.

Toutes les fois donc que vous serez embarrassé pour comprendre Dieu, cherchez en vous, et vous le verrez resplendir.

Socrate et Jésus vous l'ont dit, le premier en répétant sans cesse le *connais-toi toi-même* (γνῶθι σεαυτόν) de la sagesse antique, le second en vous enseignant qu'on « n'arrive au Père que par le Fils. »

« Qui a vu le Fils a vu le Père », disait Jésus à ses disciples lorsqu'ils lui demandaient « de leur faire voir Dieu, afin d'y croire ». Mais il disait aussi : « Le Père est plus grand que le Fils », et encore : « Pourquoi m'appelez-vous *Bon*? le *Bon*, c'est-à-dire le *Parfait*, c'est Dieu seul.

(Si je me sers du langage de l'Evangile, ce n'est pas pour y puiser l'autorité qui manque à ma Parole, c'est pour me faire mieux comprendre et montrer en même temps que ce que je dis n'est pas nouveau et que je ne fais que répéter, peut-être plus clairement, et en tout cas, dans la langue de notre époque, une vérité déjà acquise à l'humanité. La vérité est éternelle!)

Eh bien, comprenez que vous ne pouvez rien trouver dans l'homme qui ne soit aussi en Dieu, et cela, par la raison bien simple que Dieu est la synthèse qui contient toutes les autres, de sorte que si l'homme est la synthèse la plus élevée de la création terrestre, la synthèse humaine est contenue dans la synthèse divine absolument comme la terre est contenue dans l'univers et avec les mêmes différences de proportion. Est-ce assez clair? Faut-il vous demander s'il est possible de constater, par exemple, qu'il existe des végétaux sur la terre sans être obligé d'en conclure que la terre, faisant partie de l'univers, l'univers possède, entr'autres propriétés, celle d'avoir des végétaux.

Comment pourrions-nous conclure autrement, lorsqu'il s'agit de Dieu considéré comme *unité universelle* et par conséquent comme la synthèse suprême qui les contient toutes?

Eh quoi! vous admettez que l'homme résume en soi, par rapport à son domaine terrestre, toutes les facultés propres aux règnes inférieurs, et votre logique boiteuse n'irait pas jusqu'à conclure que l'être conçu dans son universalité, résume en soi toutes les facultés dont nous constatons l'existence au sein de cette humanité terrestre qui occupe si peu de place dans le monde!

Quant à moi, il m'est impossible de ne pas attribuer à la synthèse toutes les propriétés, toutes les puissances, tous les éléments que j'ai trouvés dans l'analyse. J'y suis autorisé par toutes les lois de la logique, du bon sens et de la raison. Mais ce que je n'ai pas le droit de faire, au moins logiquement, c'est de décrire les attributs que Dieu peut posséder outre ceux de l'homme terrestre. Ils peuvent être innombrables. Pour les connaître, ces attributs, il faudrait qu'il me fût donné d'avoir sur les autres terres, sur tous les mondes et sur tous les êtres qui peuplent l'univers, les notions positives que j'ai sur ma planète et ses habitants et sur l'homme terrestre en particulier. Mais si je ne puis énumérer les qualités de l'être conçu comme adéquat à l'univers visible, je puis, après avoir constaté dans l'homme telle ou telle qualité, l'attribuer à cet être, dont je suis autorisé même à faire l'*homme universel*, en ajoutant à ces qualités, quelles qu'elles soient, le caractère de l'universalité ou de l'infinitude. En d'autres termes, je puis prêter à Dieu autre chose que ce que je possède moi-même, — et comment ferais-je pour en imaginer quelque autre? — mais si je me connais comme vivant, je suis fondé à dire : « Dieu est vivant » ; si je me connais comme raisonnable et conscient, je puis dire : « Dieu est conscient et raisonnable ». C'est de l'anthropomorphisme, cela, dira-t-on? Je le veux bien. Mais cet anthropomorphisme, qui me permet d'être UN avec Dieu par ces qualités de vie, de raison, de moralité, qui nous sont communes, est parfaitement légitime.

J'ajoute qu'il n'aura rien de dangereux si je ne sépare pas « le Fils du Père » et si mon idéal humain aboutit toujours à la perfection divine.

Il existe pour cela un procédé bien simple. C'est ce procédé de généralisation qui est propre à l'esprit humain et qui lui permet, en étendant par la pensée ses rapports jusqu'à l'universel, de posséder le concept de la loi ou du principe. Tout rapport qui est susceptible de s'universaliser vient de Dieu et y aboutit. On peut dire, d'un tel rapport, qu'il est conforme à la loi et qu'il a la valeur d'un principe.

En d'autres termes, le vrai seul est susceptible de s'universaliser. Le faux n'est jamais que relatif et aboutit toujours au contradictoire. Il se contredit et se détruit lui-même en s'universalisant. Il faut qu'il en soit ainsi pour que Satan lui-même puisse être pardonné, et que l'esprit du mal vienne se fondre et s'anéantir dans le sein de Dieu. Prenez, par exemple, le pire de tous les vices, l'égoïsme, et essayez de l'universaliser : impossible. Bien plus, il se transforme de telle sorte, en s'universalisant, qu'il perd toutes ses propriétés nuisibles et finit par se confondre avec l'amour divin.

Ainsi, qu'y a-t-il de plus odieux que cet amour de soi qui s'appelle de ce nom, l'*Egoïsme*, et qui fait qu'un individu n'aime que lui, rapporte tout à sa personne et sacrifierait à son orgueil, à son ambition ou à ses jouissances personnelles, famille, patrie et humanité ?

Mais étendez la sphère de l'amour de soi ; faites-lui embrasser la famille. Voilà que l'amour de soi, en cessant d'être exclusivement personnel pour comprendre la femme, les enfants, les père et mère, va se pénétrer de dévoûment et fonder la religion de la famille. C'est encore de l'égoïsme, car l'homme qui n'a de cœur que pour sa famille ne se ferait pas scrupule de lui immoler la patrie et l'humanité.

Au-delà de l'égoïsme familial, il existe un autre égoïsme, celui de la race, de la classe et surtout celui de la *Patrie*. L'amour de la Patrie est encore de l'égoïsme par rapport à l'amour plus large de l'humanité, mais combien déjà plus généreux que celui de la famille et moins odieux que l'amour unique de *soi pour soi !*

Enfin, l'*égoïsme* a perdu son nom, lorsqu'il s'est élargi au point de devenir l'amour de l'humanité.

Cependant si l'homme est arrivé ainsi à s'unir par le cœur, avec ses semblables, à ne faire qu'*un* avec l'humanité, avec le *Fils* comme dit l'Evangile, il n'est pas encore arrivé à dépouiller tout égoïsme et à ne faire qu'*un* avec le *Père :* car au bout du compte, il y a autre chose que l'humanité terrestre dans le monde, il y a toutes les autres humanités ; il y a tout ce qui vit dans tous les mondes, il y a notre terre et tous ces *frères inférieurs* que nous avons à entraîner après nous vers la lumière ; et il y a enfin dans l'ordre spirituel tout ce qui est bon, juste et beau.

Il y a donc autre chose que le *Fils* : il y a le *Père*. Il y a autre chose que l'amour du prochain :

il y a l'amour de Dieu. Il y a autre chose que de se sentir vivre de la vie de l'humanité : il faut encore rattacher cet amour à la solidarité universelle et s'élever jusqu'à cette union avec le *Père céleste* qui, en nous reliant à l'harmonie universelle, et nous faisant communier avec la raison divine, nous permet de monter, par la pensée, jusqu'à l'idéal de toute perfection et de trouver nos critères de certitude.

En considérant Dieu *comme l'Unité universelle* et assimilant le *Moi divin* au *Moi humain*, nous attribuons donc à Dieu la Vie dans sa plénitude, la Raison dans toute sa lumière, la Conscience dans toute sa pureté, la Volonté dans toute sa liberté, nous l'affranchissons en même temps de tout égoïsme par la grande raison que l'être conçu dans sa perfection, n'ayant plus rien à acquérir pour lui-même, ne travaille que pour autrui. Dieu, ainsi compris, n'est plus ce Dieu fainéant qui se contemple dans une immobile béatitude, ou cette idole sans entrailles qui se donne le spectacle de créations émanées de sa substance ou produites par un acte de son bon plaisir, pour les vouer ensuite au néant ou à l'enfer.

Notre Dieu, synthèse de toutes les synthèses,

raison consciente de l'univers, est conçu par nous comme coéternel de l'univers visible qui nous manifeste constamment ses puissances. Il est vivant. Il est sensible. Il est conscient. Comme chacun de nous et comme tout ce qui est, Dieu a ses lois, expression visible de sa sagesse, de sa volonté, de sa providence, et ces lois ne sont autres que les lois qui régissent les êtres et les mondes et nous servent à nous diriger dans la recherche du vrai, comme dans la pratique de l'utile, du juste, du bon et du beau.

Maintenant, si Dieu conçu de cette manière est personnel ou impersonnel, je ne saurais le dire, du moins tant qu'on ne m'aura pas expliqué si cet être est personnel, qui, possédant la plénitude de l'existence et n'ayant rien à acquérir pour lui-même, ne se sent vivre qu'en s'objectivant sans cesse et répandant son âme, riche de toutes les perfections, sur tous les êtres dont il a fait, en les appelant à la vie, les collaborateurs conscients ou inconscients de sa création éternelle.

Il est bon de revenir une fois encore sur nos schèmes, car il est important, avant de continuer l'exposition de nos preuves de l'existence de Dieu, que chacun de nos lecteurs comprenne bien le sens des figures de cette espèce. Leur but essentiel, leur but unique est de faire comprendre une pensée abstraite ; elles ne représentent par elles-mêmes aucune réalité. Ainsi nous ne prétendons pas affirmer que le monde a la forme d'un cercle ou d'un sphéroïde et nous n'avons pas besoin d'avancer que Dieu siège au centre de l'Univers. Nous aimons bien mieux croire qu'il est partout, sans pour cela comparer le monde, comme fait Pascal, « à une sphère dont le centre est partout, la circonférence nulle part. » Une telle façon de s'exprimer est évidemment contradictoire dans les termes. On ne peut concevoir une sphère sans circonférence, et, d'autre part, nous n'acceptons pas l'idée d'un Univers infini. Je puis comprendre une puissance infinie, une puissance se manifestant sans interruption dans le temps et dans l'espace, et c'est ainsi que je conçois l'être dans sa plénitude absolue ; mais je ne puis concevoir une forme sans limite. Le Monde, l'Univers est un objet concret, c'est un organisme, qui peut *devenir* perpétuellement et *évoluer* en des formes indéfiniment variées et changeantes, mais qui, à quelque moment du temps qu'on les prenne, sera toujours trouvé fini et limité dans son actualité. Nous reviendrons sur ce point.

Il s'agit uniquement ici de faire comprendre le rôle de Dieu dans le monde par rapport aux êtres particuliers. C'est là ce qui intéresse avant tout. C'est là ce que notre schématisme, et particulièrement la figure 3, que nous reproduisons ici, a pour objet de faire saisir.

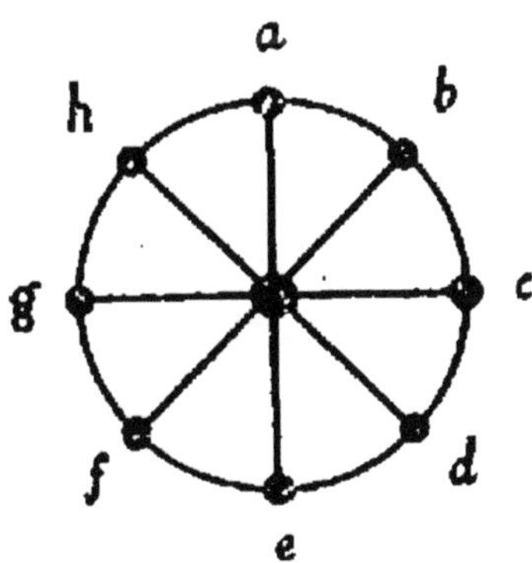

Le rôle de Dieu, que nous identifions, on le sait, avec l'*unité universelle*, est un rôle d'unification et d'universalisation. Ce rôle est nécessaire, indispensable à la vie des êtres particuliers. Nous le montrons s'accomplissant au centre du cercle, moyennant que tous les points de la circonférence soient mis en relation avec le point central. Cette relation est établie par les rayons qui vont du centre à la circonférence et de la circonférence au centre. Ces rayons qui, par définition, sont mathématiquement égaux, nous représentent les lois générales de l'Univers. Elles sont, en effet, égales, c'est-à-dire les *mêmes pour tous*, et peuvent être considérées comme identiques aux volontés divines. Et comment en serait-il autrement, alors que les lois des choses ne sont autres que les rapports mêmes qui les rattachent au centre, dont le rôle est précisément de ramener tous les faits contingents de la diversité phénoménale (les points de la circonférence) à l'unité divine (le point central) et de les soumettre ainsi à l'harmonie de l'ensemble. On voit que, de cette manière, l'arbitraire et le miracle disparaissent à tout jamais des relations de Dieu avec le monde, puisque les *volontés de Dieu* se confondent avec les lois de la nature et ne sont autres que « les rapports nécessaires » qui rattachent la diversité universelle (monde) à l'unité universelle (Dieu).

Tout ce que nous disons ici du rôle de Dieu, par rapport à l'ordre matériel, s'applique aussi à l'ordre moral. Du moment où nous identifions Dieu avec l'unité universelle, nous entendons bien donner à l'unité universelle tous les attributs que nous avons reconnus aux êtres, dont l'ensemble constitue l'Univers et par conséquent faire aboutir au centre de notre schème les rapports de toute nature. Considérant ce centre au point de vue dynamique, nous pouvons y voir le rythme parfait, où tous les dynamismes particuliers viennent régulariser leurs rapports de toute nature.

Ce dynamisme central, dont les mouvements centripète et centrifuge, ceux de systole et de diastole, peuvent nous donner une idée, sous quelque forme qu'il se produise, a ce mérite, cette valeur de faire régner l'ordre dans le monde en universalisant le bien, c'est-à-dire ce qui est conforme aux lois, soit de la nature, soit de la conscience, et empêchant le mal de se répandre en lui opposant l'obstacle insurmontable de la suprême puissance, alors que la puissance suprême a pour elle la convergence harmonique de toutes les forces au sein de l'Unité universelle.

Inutile, sans doute, de faire remarquer que ce concèpt du monde physique et du monde moral peut être appliqué à l'ordre des sociétés humaines, pourvu qu'on tienne compte de la différence qu'il peut y avoir entre la perfection divine, qui se réalise sans cesse dans son absolu, et la perfection humaine, qui ne peut jamais être réalisée que progressivement et à l'état relatif. A cela près, on trouvera dans notre idée de la fonction divine le prototype d'un gouvernement qui serait conçu, lui aussi, comme représentant l'unité sociale, parce qu'il est le centre vers lequel convergent tous les rapports pour se convertir en lois et donner aux décisions de la souveraineté nationale l'appui de toutes les forces de la communauté. La fonction de l'Etat et du gouvernement peut dès lors, en effet, s'assimiler à celle de l'unité universelle. Elle consiste aussi à unifier tous les rapports pour les faire concourir à la conservation et à l'amélioration du corps social en empêchant le mal de s'y répandre et s'appliquant à y généraliser, au profit de chacun et de tous, tout ce qui peut s'y produire de bon et d'utile. — Telle doit être conçue la *Cité de Dieu* ou la vraie république sociale.

Qu'il nous soit permis d'ajouter, à l'encontre de toutes les théories anarchiques et négatives du rôle de l'Etat dans la société et du rôle de Dieu dans l'univers, que si vous supprimez le point central, qui est l'organe régulateur de tous les dynamismes particuliers, il n'y a plus d'ordre possible, ni naturel, ni social. Dès lors, en effet, plus de solidarité entre les êtres puisque la solidarité ne peut s'établir que par la communion de tous dans l'unité! Plus d'égalité, puisque l'Egalité ne peut être faite entre tant d'êtres inégaux en forces et en facultés que par une loi commune s'imposant également à tous, et que la loi, si bien caractérisée dans son égalité par les rayons du cercle, ne saurait exister là où le point central n'est pas représenté! Plus d'Egalité, disons-nous, partant plus de justice et point de liberté réelle, car on ne saurait appeler de ce nom cet état d'insolidarité où la liberté de chacun, ne connaissant plus ni règle ni limite, ne serait que l'exercice aveugle de la force au service de tous les égoïsmes, de tous les caprices, de toutes les passions. C'est l'anarchie et le désordre en permanence.

QUE NOTRE PREUVE DE L'EXISTENCE DE DIEU EST VRAIMENT POSITIVE.

III. — On nous dit ceci : une preuve de l'existence de Dieu doit toujours être *positive* sous peine de n'être pas une preuve, et la vôtre ne mérite pas particulièrement ce titre à cause des figures ou schèmes que vous y introduisez. »

Non certes, ce n'est pas à cause de nos schèmes que notre démonstration de l'existence de

Dieu est positive. Elle est positive parce qu'elle est basée sur un fait d'observation sensible et d'expérience. Or, le fait sur lequel nous appuyons notre démonstration de l'existence de Dieu est toujours et pour tous les hommes, constamment vérifiable par les sens et par la raison : c'est le Monde, l'Univers, le Cosmos, tout ce qui est. Seulement nous faisons remarquer que tout dans l'univers et l'univers lui-même présente le double caractère de l'unité et de la diversité. Comme tous les êtres, chacun de nous est *un*, se sent tel et est accepté comme tel par autrui en même temps qu'il produit des phénomènes indéfiniment variés et que son corps est composé d'éléments très différents, d'organes, de membres, d'appareils, de tissus remplissant des fonctions très diverses et constitués par des cellules innombrables. Et tout cela change, se renouvelle, sans que cesse un seul instant le caractère d'unité qui maintient chez chacun de nous, durant toute la vie, au milieu de toute cette multiplicité phénoménale, l'identité de son être et l'affirmation constante de son MOI.

Ce double aspect des êtres, si frappant chez l'homme, se retrouve dans chaque corps céleste ou terrestre, dans chaque monde et dans le Cosmos pris dans son ensemble. Au milieu d'une phénoménalité indéfiniment variée et changeante, l'univers conserve un caractère de durée, de fixité, maintenu par les lois qui régissent tous les rapports, toutes les relations et amènent tous les phénomènes à l'unité harmonique du tout, de sorte que l'univers, bien que se renouvelant sans cesse dans toutes ses parties et dans toutes ses formes, persiste cependant, toujours identique à lui-même, dans son impérissable unité (1). Et c'est là ce que nous essayons de faire comprendre par un trope qui assimile le *Macrocosme* Universel au *Microcosme* humain, lorsque nous qualifions l'Unité Universelle de *Moi conscient de l'Univers.* Pour nous, c'est là Dieu.

Maintenant, une telle démonstration de Dieu, qui consiste simplement à poser le monde visible comme le corps de la divinité, peut être trouvée insuffisante ; on peut aussi attaquer la méthode expérimentale dans son application à la recherche de la fonction divine ; mais on ne peut dire que la preuve que nous donnons de l'existence de Dieu

---

(1) C'est ce que les Chinois appellent : l'*invariabilité dans le milieu.*

manque de *Positivité*. Si l'on entend par preuve positive celle qui est objective, matérielle, tombant sous les sens, nous ne voyons pas où l'on pourrait trouver un fait plus objectif, plus réel, plus universellement perceptible que le Monde lui-même considéré dans toutes ses formes, dans toutes ses manifestations, dans toute sa multiple et inépuisable phénoménalité.

Un mot encore : « Une preuve, nous dit-on, de l'existence de Dieu doit toujours être positive, sous peine de n'être pas une preuve ». Il a été donné des raisons de croire en Dieu qui, pour n'être pas réellement positives et d'ordre expérimental, ne manquaient point de valeur, puisqu'elles ont produit des convictions sincères. Tels sont les trois modes de démonstration dont Kant a fait la critique, sous les titres de preuve *ontologique, cosmologique* et *téléologique* (ou des *causes finales*). Mais depuis *La Critique de la Raison pure*, ces sortes de preuves *à priori* se sont bien affaiblies dans l'esprit des peuples, bien qu'elles eussent été données par des génies supérieurs, tels que saint Anselme, Descartes, Spinosa, Newton, Leibnitz et Kant lui-même, qui avait essayé d'y substituer, toujours *à priori*, la preuve découlant de la nécessité d'une loi morale et du sentiment d'un Dieu rémunérateur de la vertu et vengeur du crime.

Nous ne voyons pas que jusqu'ici la philosophie ait jamais prouvé *objectivement* l'existence de Dieu sans tomber dans le Panthéisme fataliste ou dans l'idolâtrie, soit fétichiste, soit polythéiste (1). Nous croyons nous être préservé de l'une et l'autre de ces chutes.

QUE L'UNITÉ UNIVERSELLE EST LA RÉALITÉ PAR EXCELLENCE ET MÉRITE SEULE LE NOM DE DIEU.

IV. — J'arrive à l'objection capitale et la seule véritablement sérieuse qui puisse être faite. Cette objection nous fut présentée, il y a quelques années, par un savant professeur du Collège de France, qui est aussi un maître en philosophie :

« Je voulais vous signaler le danger qu'il y a, quand on s'adresse à des esprits novices, à identifier l'être divin avec l'*unité universelle*, l'unité universelle pouvant être prise *pour la somme* des phénomènes, c'est-à-dire pour une *abstraction*, au lieu de représenter le principe actif, vivant,

(1) Ou, ce qui est plus fâcheux encore, dans les aberrations du pessimisme.

inépuisable, infini de toutes les existences fugitives, c'est-à-dire la suprême réalité inséparable de l'éternel idéal. »

Heureusement, il existe en notre faveur des circonstances atténuantes. Notre bienveillant critique, se reprenant, ajoutait :

« Je voulais appeler votre attention sur la nécessité de dissiper ces obscurités ou d'aller au-devant de ces doutes, lorsque je me suis senti, non pas désarmé, mais apaisé par votre conclusion : « Dieu, pris comme la plus grande des réalités, la réalité par excellence, ne cesse pas pour cela de nous apparaître comme l'idéal suprême. C'est justement parce qu'il est *Celui* qui universalise tous les rapports et en réalise ainsi l'harmonie qu'il se trouve contradictoire au néant, au mal, à l'erreur, à l'iniquité, au désordre, etc., et peut être donné comme le type exemplaire de toutes les perfections... »

Nous serons plus sévère que l'éminent professeur : sa critique serait trop atténuée, s'il était vrai que nous eussions pu confondre, un seul instant, l'*unité universelle* avec la *totalité universelle*. Nous n'aurions fait dès lors que du plus mauvais panthéisme. Après avoir mis toutes choses en Dieu, pris ainsi pour la somme de tous les phénomènes, nous n'aurions plus le droit, à moins d'un manque absolu de logique, de poser l'idéal divin comme contradictoire au mal, à l'erreur, à l'iniquité et comme l'exemplaire éternel de toutes les perfections. Non, certes, car si on prend l'univers dans sa diversité phénoménale et si on juge du reste du monde par notre pauvre terre, où le mal l'emporte de beaucoup sur le bien et dont la lutte pour l'existence, entre conscients comme entre inconscients, fait un vrai champ de carnage, on ne voit pas qu'il y ait lieu de glorifier l'*Etre tout*, qui, conçu comme étant à la fois *le milieu* et *la cause première* de tout ce qui se passe dans le monde, se donnerait à lui-même le triste spectacle de tant d'iniquités, de vices et de souffrances. Quel monstre qu'un tel Dieu, s'il avait conscience ! Quelle brute, s'il n'avait rien su prévoir !

Quel pauvre sire enfin, inutile au monde et à lui-même, si, sentant, sachant et voulant, il ne pouvait rien empêcher !

Ce ne serait pas la peine, pour un drôle de cette espèce, de renoncer à cet aimable Jéhovah orthodoxe qui voue toute la race humaine aux flammes éternelles à cause de la désobéissance du premier homme. Mais, ô mes amis, comme on comprend que devant de telles conceptions de la divinité, on en arrive à s'écrier *Dieu c'est le mal*, et à se refugier dans l'athéisme matérialiste ou dans les anéantissements du Nirvana! Et comme cela doit nous rendre indulgents pour ceux qui n'ayant pas su s'en faire une idée plus exacte et plus pure, ne peuvent se résoudre à croire en Dieu ou refusent de s'en occuper.

En vérité, il y a bien de quoi. Cela valait mieux que d'anéantir sa raison et de perdre le sens moral. Et nous aurions sans doute fait de même si nous n'avions pu nous élever à une notion plus pure de la divinité.

Mais devant notre conception, qui consiste simplement à poser la coexistence de l'objet et du sujet, de l'unité et du multiple en subordonnant la mutabilité incessante des phénomènes à l'immutabilité persistante de l'unité universelle, disparaissent toutes les difficultés, toutes les contradictions qu'on voit se dresser, terribles, insurmontables, irréductibles, devant tous les systèmes, soit du Déisme surnaturaliste, soit du naturalisme panthéiste ou polythéiste. Et comment disparaissent-elles ces difficultés, ces contradictions? Est-ce au moyen de quelque artifice de langage, de quelque principe préconçu ou de quelque révélation dont nous aurions été particulièrement favorisé? Non, mais simplement en prenant les choses comme elles sont, expliquant les faits par les données les plus positives de la science ; et, ce qu'il y a de curieux, c'est qu'en agissant ainsi, nous retrouvons le Dieu de Jésus et de l'Evangile, moins les dogmes niais et stupides, dont les théologiens et les mystagogues l'avaient affublé. Et ce Dieu est au fond le même que celui de toute la tradition religieuse de l'humanité et aussi celui des bonnes gens : c'est toujours l'être, à la fois présent partout et invisible, qui, de toute éternité est, fut et sera, mais ayant acquis à nos yeux une précision plus rigoureuse et aussi une sublimité plus grande, parce que, héritiers de tous ceux qui nous ont précédés, quoique sachant encore fort peu, nous savons mieux et davantage. Ceux qui viendront après nous, s'ils restent dans la voie droite, feront un pas, iront plus loin, plus haut, à chaque découverte de la science.

Nous répondons au savant académicien, dont nous avons cité la critique courtoise, que l'Unité Universelle ne peut pas être prise pour une abstraction lorsqu'on ne sépare pas un instant la *variété universelle*, ou l'univers perceptible à nos sens, de l'*Unité universelle*, conçue par l'esprit comme une loi nécessaire, alors qu'il est évident que c'est cette unité qui assure seule la fixité, la convergence, l'harmonie de tous les rapports. Et cela est vrai pour l'univers comme pour chaque être particulier, car il n'est pas un corps vivant qui ne nous apparaisse aussi comme une *Unité multiple*, ou si l'on préfère comme une diversité phénoménale reliée par un principe d'unité qui se confond avec son individualité spéciale ou spécifique et lui permet de se distinguer de tous les autres corps. Ajoutons que l'unité est d'autant plus visible et prédominante que l'être appartient à un degré plus élevé de la série. Elle l'est plus dans l'animal que dans la plante, et l'on voit l'unité se caractériser de plus en plus à mesure qu'on s'élève dans les séries animales et qu'on arrive à l'homme où l'individu est parvenu à se posséder, à se connaître, à se gouverner comme une raison consciente.

L'unité universelle ne deviendrait une abstraction que si elle cessait d'être multiple par l'anéantissement de toute phénoménalité, comme il adviendrait avec ce qu'on appelle vulgairement la *fin du monde*. Mais nous nions aussi bien la fin du monde que le commencement du monde. L'unité et la multiplicité ont toujours coexisté. Les choses se passent et se sont toujours passées et se passeront toujours comme elles se passent sous nos yeux : un individu meurt, un autre le remplace ; et il en est du monde comme des individus ; les débris des mondes détruits, ramenés à leurs premiers éléments, servent à reconstituer des mondes nouveaux. La vie nourrit la vie et parcourt un cercle qui ne s'interrompt jamais. En un mot, *chaque chose* a commencé, *chaque chose* finira, mais il y a toujours eu *quelque chose*. Il ne fut jamais un temps où le néant ait précédé la création. La création faite, *ex nihilo*, à un moment donné, est une chimère. Dieu, sans le monde, est une abstraction, comme est une abstraction le monde sans Dieu. L'unité, le rapport et la multiplicité sont inséparables comme le centre du cercle est inséparable de la circonférence et des rayons qui sont les lois rattachant celle-ci à celui-là. Et c'est là le mystère de la Sainte-Trinité dont notre schème donne aussi l'explication : *Père*, *Fils* et *Saint-Esprit*, c'est-à-dire, non pas trois personnes en un seul Dieu, comme le professe, au sens matériel et grossier, l'orthodoxie chrétienne, mais trois aspects métaphysiques de l'*Unité divine : La*

Puissance, l'*Acte*, *la Loi* (Père, Fils, Esprit), ou encore la *Raison absolue* (à la fois puissance et volonté) s'incarnant sous la forme humaine relative, la *Parole du Verbe* ou *Logos* dans la conscience des purs, pour réaliser sur la terre, par l'Amour mutuel et l'*Unité de l'Esprit*, le règne de ses lois, de ses volontés éternelles.

Voilà toute la théodicée évangélique. Elle n'est pas descendue sur la terre avec accompagnement de révélations surnaturelles et de miracles. Si elle est venue de Dieu, c'est comme viennent toutes les créations de l'esprit humain, par la communion de la Raison humaine avec la raison divine au sein de la splendeur des choses qui, éternellement, nous en manifestent les lois. Elle est le fruit de la méditation des sages et l'héritage des civilisations antérieures. Mais telle qu'elle est, cette conception était bien trop savante pour être comprise, il y a dix-huit siècles, et même pour l'être généralement de nos jours, sous la forme métaphysique. Les inspirateurs de la révélation chrétienne (1) crurent devoir en voiler les vérités fondamentales, sous des formes

(1) Le mot *Revélation* est mal compris lorsqu'on y voit une manifestation de la pensée divine ou une *dévoilation* de l'inconnu au profit de tous. Le vrai sens du mot *révé-*

de langages tantôt symboliques ou mystiques, tantôt simplement tropiques ou métaphoriques, en ne donnant au vulgaire que ce qu'il était nécessaire qu'il sût pour se conduire moralement dans la pratique quotidienne de la vie, et réservant pour les seuls initiés, pour les privilégiés de l'intelligence, l'explication philosophique de la doctrine. La science, la *Gnose*, c'est-à-dire la vérité rationnelle, devint le monopole de quelques-uns. Pour le vulgaire, pour le grand nombre, on eut le sens matériel, et c'est en prenant la « *Bonne nouvelle* » dans le sens matériel que s'est édifiée cette collection bizarre de dogmes chrétiens simplement incompréhensibles (1) ; les autres immoraux et outrageants pour la divinité (2) ou pour la dignité de la personne humaine (3). Mais la *communion des saints* ne

---

lation est *voiler à nouveau*, c'est-à-dire couvrir la vérité éternelle d'un voile nouveau, l'envelopper sous de nouveaux symboles, de nouveaux dogmes, de nouveaux mystères.

Et c'est ce que les auteurs des évangiles ont fait : « Il faut de *nouveaux dieux à l'aveugle univers.* »

(1) Comme les trois personnes de la trinité divine, formant un seul Dieu, la présence réelle, etc.

(2) Comme le péché originel, la damnation, le rachat par le sang du juste, la vierge mère, etc.

(3) Comme l'infaillibilité papale, les vœux éternels, l'absolution avec le pouvoir de lier et de délier, etc.

dura pas longtemps, si même elle parvint à se constituer. Une société de saints n'y aurait pas suffi ; il y eût fallu des anges. On avait compté sans les passions humaines, les vanités, les ambitions, les égoïsmes. On sait ce qui arriva. Le sacerdoce mit la lumière sous le boisseau et bientôt la lumière s'y trouva éteinte.

Le sens grossier et matériel seul survécut et, au lieu de l'amour et de la liberté, prêchés par Jésus, ce fut la peur, l'horrible peur dans ce monde et dans l'autre, là le diable, ici le bourreau, qui devint l'affreux *Roc*, l'horrible *Pierre* (*Cèphas*), sur laquelle il se trouva que le Christ avait bâti son église.

Seulement, voici : pour avoir voulu prendre possession du monde, en le laissant dans les ténèbres, les prêtres, les évêques, les papes, les théologiens orthodoxes, s'ils ont fait la nuit dans le monde, l'ont si bien épaissie autour d'eux que leur âme est devenue impénétrable à la lumière, de sorte que lorsque celle-ci, après une longue éclipse, a commencé à renaître et à se répandre de nouveau sur le monde, « ils ne l'ont pas connue » et bien loin de se montrer disposés « à la recevoir », ils n'ont pas cessé de la refouler et de « porter témoignage contre elle. » C'est pourquoi leur Eglise ne se réformera point, ne progressera point, ne se transformera point. Elle mourra tout entière et sera anéantie dans l'impénitence finale. Il en sera ainsi parce que ses membres, pour avoir abdiqué leur raison et perverti leur conscience, sont devenus incapables de distinguer le bien du mal, l'erreur de la vérité « le père du mensonge, du père de toutes les vertus. » Juste châtiment promis par l'Evangile à tous ceux qui commettent ce terrible péché contre le Saint-Esprit que Dieu lui-même ne saurait pardonner, puisque Dieu, qui est la lumière même, ne peut pardonner qu'en se montrant et que ceux qui font les ténèbres en eux-mêmes dans le monde l'empêchent de se montrer.

MÊME SUJET

V. — Une autre personne, une dame, fort compétente en ces matières et douée d'une grande acuité d'esprit, nous a adressé la même objection : « Il me semble », nous écrit-elle, après nous avoir parlé de notre schème, qu'elle trouve admirablement choisi pour faire comprendre la fonction divine, « il me semble que dans votre conception, » Dieu n'est pas *infini* en ce sens qu'il sente, voie

» et comprenne *tout ce qui est;* mais qu'il n'est
» rien de plus que la somme de tous les êtres com-
» muniquant plus ou moins entr'eux sans que
» nulle part se montre une unité consciente de
» l'ensemble et s'affirmant comme telle aux autres
» et à elle-même ».

Voilà donc deux bons esprits qui nous font la même objection à peu près dans les mêmes termes. Tous deux nous accusent de ne voir dans l'unité divine que la somme, soit des êtres, soit des phénomènes représentés par l'univers matériel. Certes, nous ne l'entendons pas ainsi. Nous l'avons dit expressément dans notre démonstration. Qu'il nous soit permis de remettre sous les yeux de nos lecteurs le passage où nous identifions l'idée *d'unité* avec l'idée de *synthèse* et où nous réfutons d'avance la critique qui nous est adressée de faire de Dieu, soit une somme, soit une abstraction. « Après avoir montré, disions-
» nous, que Dieu, identifié avec l'unité universelle,
» ne peut plus être pris pour une vaine abstrac-
» tion, puisqu'il représente la plus grande et la
» plus incontestable de toutes les réalités, celle de
» l'*Univers dans sa synthèse*, il nous sera permis
» de faire remarquer que nous ne procédons pas

» autrement pour concevoir Dieu, unité univer-
» selle ou moi conscient de l'univers, que pour
» concevoir l'homme, un homme, vous ou moi,
» par exemple. Je suis autorisé à affirmer le *Moi*
» *Divin* comme le *Moi Humain* parce que l'uni-
» vers, dans son objectivité changeante, variée et
» multiple, manifeste l'existence de Dieu, absolu-
» ment comme mon corps manifeste mon exis-
» tence, comme votre corps manifeste la vôtre.
» Seulement, il faut bien prendre garde que ce
» corps, qui manifeste votre *Moi*, n'est pas votre
» *Moi* lui-même, pas plus que l'univers qui est le
» corps du *Moi Divin* ne doit être confondu avec
» le *Moi Divin*. C'est dans *l'Unité*, qui est la
» SYNTHÈSE de tous les rapports, c'est dans son
» unité propre que l'homme se connaît, se pos-
» sède et se réfléchit. C'est aussi dans son unité
» synthétique que l'existence universelle se réflé-
» chit, se connaît et se possède. C'est là vrai-
» ment qu'est la réalité de l'univers. Elle n'est pas
» dans ce qui passe et change sans cesse. Dieu
» s'appellera toujours l'Eternel ».

Ce passage nous paraît aujourd'hui comme le premier jour parfaitement clair, précis, explicite. S'il n'a pas été trouvé tel par nos deux correspondants, c'est évidemment parce qu'ils n'attribuent pas à l'*Unité multiple* la valeur de *synthèse* que nous lui attribuons ou qu'ils ne se font pas de la synthèse l'idée que nous nous en faisons nous-même.

Peut-être aurions-nous dû nous expliquer à cet égard et faire remarquer que nous prenions le mot synthèse (1) dans le sens où le prend aujourd'hui la science, quand elle lui fait désigner l'être physiologique. Ce n'est pas pour rien que nous avions montré dans l'unité universelle « la synthèse de tous les rapports ».

Quand nous nous exprimions ainsi, nous n'attribuions rien à la synthèse de la vie, conçue dans son universalité, qui ne s'accomplisse sous nos yeux, mais selon les mesures *du relatif*, chez tous les êtres particuliers et ne puisse être vérifié expérimentalement. Partout, au sein de la nature, la synthèse remplit le rôle d'associer les éléments constitutifs des corps et de faire se combiner leurs propriétés selon les lois physiques, chimiques ou

---

(1) Synthèse en grec *synthésis*, composition, (de συν avec, et de τιθημι) mettre ensemble, unifier ce qui est distinct comme sont les parties d'un tout.

Analyse, du grec ανaλυω, je décompose.

physiologiques qui leur sont propres. Aussi se confond-elle avec le principe du mouvement de chaque être, avec son auto-dynamisme, et peut-elle être donnée comme la cause et la résultante de son organisation actuelle et future.

Qu'il nous soit permis d'ajouter incidemment que toute synthèse vivante, et même toute synthèse unie à un organisme vivant à titre d'organe ou de partie concourant à son existence comme sont, par exemple, les corps composés inorganiques, est toujours supérieure à la somme des éléments qui la constituent. Cela est vrai pour les moindres composés, les composés binaires, par exemple. C'est ainsi que le sel marin (sel de cuisine) ou chlorure de sodium possède des propriétés tout à fait différentes de celles du chlore et de la soude, dont il représente la synthèse, et que l'eau, synthèse résultant de la combinaison de l'hydrogène et de l'oxygène, est bien autre chose que la somme de ces deux corps simples, et possède de toutes autres vertus. La supériorité de la synthèse sur les éléments est bien plus frappante, lorsqu'on passe aux corps organisés, plantes ou animaux. Elle acquiert de plus en plus d'importance à mesure qu'on s'élève sur l'échelle des êtres.

Par ce qu'elle est déjà dans l'homme terrestre, on peut se faire une idée de ce qu'elle doit être dans l'être pris au sommet de toutes les séries, dans la synthèse qui les résume toutes et qui n'est rien de plus, rien de moins que l'unité vivante, consciente, universelle, que la piété humaine et la tradition des siècles ont appelée de ce grand nom : DIEU.

Ainsi, ce doit être bien entendu, la synthèse, à nos yeux, c'est encore l'unité. Les mots « Unité universelle » et « Synthèse des Synthèses » sont pour nous synonymes, et conviennent également à l'Etre parfait. Seulement, lorsqu'au lieu d'unité, nous disons synthèse, ce n'est plus alors l'unité à l'état statique, à l'état de repos, mais l'unité à l'état dynamique et active. Cependant ce sont là uniquement des vues de l'esprit, car le mouvement de la vie n'étant jamais interrompu, l'unité est toujours dynamique parce qu'elle est toujours active. Son action unificatrice sur la pluralité ne s'arrête jamais. C'est elle, en effet, c'est la synthèse vivante, dont la cause efficiente n'est autre, dans chaque être, que son propre dynamisme, en accord avec le rhythme de l'universelle unité, c'est elle qui agit au sein de chaque organisme pour ramener toutes les activités, les forces, les fonctions qui lui sont propres aux lois générales, et par le concours de toutes les forces et le consentement de toutes les parties, assurer l'harmonie du tout. Aussi peut-on dire, au moins en ce qui concerne les êtres organisés, que la synthèse caractérise la vie, comme l'analyse caractérise la mort. Composer et décomposer, vivre et mourir, n'est-ce pas, en effet, le branle éternel du monde? Or, la vie est quelque chose de plus que la mort. Elle est ce qui dure en se renouvelant sans cesse par sa communion avec l'Infini. Elle est l'âme des êtres et des choses et n'a besoin pour renaître, toujours jeune, en de nouvelles formes, comme Psyché sous les baisers de l'amour, que de vibrer à l'unisson de la pensée divine.

L'UNITÉ UNIVERSELLE EST LE NOM SCIENTIFIQUE DE DIEU.

VI. — L'objection à laquelle nous avons maintenant à répondre est celle qui intéresse nos rapports de sentiments avec la divinité. Nous tiendrions beaucoup à donner satisfaction sur ce point aux cœurs aimants et religieux. Il est si doux d'aimer au-dessus de soi et de se croire payé de retour!

Cependant, il faut prendre bien garde aux éjaculations mystiques, faites dans le vide, et aux effusions sans objet. Ce ne sont là, le plus souvent, que des maladies de l'âme produites par des pensées malsaines ou par des pratiques d'une sotte dévotion.

Il faut aussi se garder avec soin de toutes les chimères et des pratiques théurgiques et ne pas croire qu'on va mettre le ciel « dedans sa confidence », l'intéresser à nos affaires à l'aide de prières, de pénitences ou de sacrifices. Combien je déteste entendre appeler Dieu le *Tout Puissant* et lui crier : « Seigneur, Seigneur, faites ceci pour moi ! » Lâche, fais-le donc toi-même, si cela est bon, juste, utile aux autres, comme à toi, et conforme à la raison des choses ! Comme seul tu ne peux rien, unis-toi à tes frères, unis-toi à la nature; identifie-toi par le sentiment de l'universelle solidarité à l'unité suprême ! Alors, étant *un* avec l'humanité, *un* avec les lois de la nature, *un* avec la raison divine, tu pourras tout ce que tu voudras, parce que tu ne voudras rien qu'il ne te soit possible d'accomplir.

Je n'aime pas non plus ce nom de *Seigneur* donné à Dieu, alors que Jésus nous a appris à l'appeler *notre Père*. Ce mot *Seigneur* rappelle trop le rapport de l'esclave au maître. Renoncez-y dans vos prières. Les hommes sont trop disposés à s'aplatir devant les puissances de la terre pour ne pas s'abaisser devant le « Seigneur » du ciel. Qui s'abaisse s'avilit et veut être opprimé. Ils mettent là haut *des trônes et des dominations* comme ils en trouvent ici-bas et ils les invoquent, par la peur qu'ils en ont ou pour les faveurs qu'ils en espèrent. Ce qu'il faut aimer en Dieu, ce n'est pas la toute-puissance, c'est l'éternelle vérité. Cherchons-la ensemble, et si nous la trouvons, ne vous inquiétez plus de rien. Tout le reste, nous saurons l'acquérir par surcroît.

Voici ce que nous écrivait, il y a quelques années, une dame, dont l'âme chrétienne est fort éclairée, mais se trouve peut-être bien imprégnée encore de cet anthropomorphisme mystique que donne la lecture des Evangiles à ceux qui prennent les textes au pied de la lettre, même lorsqu'ils rejettent ou mettent en doute la divinité de Jésus-Christ, ainsi que le fait, je crois, Mlle R... M..., qui est une protestante libérale. Cette dame, écrivain distingué, et, sur bien des points, notre coreligionnaire, s'exprime ainsi :

« Habituée au Dieu de Jésus-Christ, à celui auquel nous disons « *notre Père* », je suis glacée par cette définition : « *Dieu, c'est l'unité universelle.* » Là où mon cœur cherche, un être vivant, il se trouve en face d'une abstraction et se sent jeté dans le vide. Les développements qui suivent ne me font pas revenir de cette première impression. »

Nous avons déjà répondu à la critique qui prétend que l'unité universelle est une abstraction métaphysique. Mais nous essayerons encore de justifier cette expression, que nous considérons comme étant vraiment la clef du grand mystère. A ce titre, nous devions la donner tout d'abord. C'est là, par excellence, le nom scientifique de Dieu. Nous aurions pu l'appeler aussi « *Loi consciente de l'univers vivant* », mais on a de la peine, de nos jours, à comprendre une *loi vivante et consciente* et on n'y aurait vu également, malgré ces deux épithètes, qu'une froide abstraction. Le terme « *moi conscient de l'univers* » n'a peut-être pas le même inconvénient et nous aimons beaucoup à l'employer, mais il a une apparence panthéistique que le mot *unité universelle* permet d'éviter. L'*unité universelle* est bien décidément l'expression qui fait le mieux comprendre le rôle du moi divin par rapport à l'univers matériel, dans lequel et par lequel il se manifeste constamment et s'objective de toute éternité sans jamais s'y confondre — ce qui est le tort des doctrines panthéistes.

On le voit, en nommant Dieu *l'unité universelle*, nous avons cet avantage d'affirmer tout d'abord notre monothéisme. Mais notre monothéisme, en distinguant le moi divin du tout de l'univers, ne le sépare point par un abîme de l'universelle diversité, comme cela serait s'il y avait entre l'*un* et le *multiple* une différence de nature. Tous les êtres sont également distincts les uns des autres et distincts de l'unité universelle à laquelle ils sont reliés, mais chacun d'eux est, ainsi que Dieu, une *unité multiple* et est appelé à collaborer, sous la direction de l'unité suprême, à la création éternelle. Tous, d'ailleurs, viennent du divin, ont droit au divin, communient avec le divin et, de progrès en progrès, y aboutissent. Nous montrerons plus tard que notre conception de la grande république des êtres, pour être purement monothéiste, en ce sens qu'elle subordonne tous les rapports à l'unité universelle et suprême, n'exclut aucune des notions rationnelles dues au point de vue panthéiste et qu'elle peut, sans jamais tomber dans l'idolâtrie, emprunter au polythéisme ses plus grandes beautés artistiques, ses splendeurs naturalistes et admettre entre l'humanité terrestre et les humanités célestes des rapports spirituels, qui, pour être invisibles, peuvent être parfaitement réels, vérifiables, et utiles à notre élévation morale. La vie est partout dans l'univers et il n'y a pas de séparation absolue entre les êtres. Chaque milieu répond à un état de l'âme et toute âme porte avec elle son milieu, expression fidèle de son idiosyncrasie spirituelle. Et c'est ainsi que tout se trouve à sa place au sein de la grande harmonie et que chaque être y joue le rôle qu'il s'est préparé.

QUE L'ANTHROPOMORPHISME A SON ROLE DANS L'IDÉE DE DIEU

VII. — Notre honorée correspondante nous dit encore :

« Après avoir accepté tous les principes qui précèdent, je ne suis pas amenée à adopter cette conséquence : « Constater l'unité de l'univers ou la solidarité universelle, c'est confesser Dieu. » Il y a là pour moi quelque chose d'obscur ; je ne me sens pas pénétrée par une éclatante vérité. Au lieu de froides formules qui me voilent Dieu, je sollicite un rayon qui me permette de le contempler, et il me semble que la science peut le faire jaillir, ce rayon bienfaisant, puisqu'il lui suffit pour cela de révéler ce qui est. Tout ce que vous dites de l'Eternel est parfait. Mais votre Eternel n'est encore qu'une idée. La métaphysique est son domaine et l'humanité appelle un être qu'elle sente vivre, qui puisse l'entendre et auquel elle puisse s'adresser. »

D'autres adversaires seront encore plus catégoriques dans l'expression de sentiments analogues et diront par exemple : « Votre Dieu est trop loin de nous. Le Dieu du genre humain doit être à la portée des simples aussi bien que des savants. Je ne crois en Dieu qu'à condition de voir en lui un soutien, un ami, un père et aussi un juge. Je veux pouvoir l'aimer, le vénérer et le craindre. C'est ainsi que je conçois le Dieu de l'Evangile, lorsque je le dépouille des dogmes dont les théologiens l'ont affublé. »

Evidemment ceux qui tiennent pareil langage ont besoin d'un Dieu anthropomorphe. Ce n'est pas à nous de le leur nommer. C'est à eux à le trouver et à se le représenter à l'image de l'idéal de perfection qu'ils ont dans l'âme. N'étant ni un Jésus-Christ ni un Boudha et n'ayant même aucune prétention au rôle de prophète, nous nous bornons à formuler une idée de Dieu qui réponde à la réalité des choses, et qui, donnée par la philosophie, acceptée par la science, puisse satisfaire à la fois la raison et le sentiment. Nous croyons que la nôtre est dans ce cas. On aura beau entasser les objections, on ne saurait accuser notre conception de manquer de logique, d'être irrationnelle ou de contredire aucune des données de la science. Il est certain que ce ne serait pas assez, si notre Dieu restait sans action sur les cœurs et ne devait pas embrasser et féconder les âmes. Mais ici, il nous faut bien confesser notre insuffisance. Nous sommes hors d'état de fournir à chacun l'idéal divin qui peut lui être propre et convenir à son degré de développement intellectuel et moral. Sur ce point, *tot capita, tot sensus*, autant de têtes autant de sentiments. C'est là le domaine de la libre croyance, de la foi personnelle, et nous tenons que tout être raisonnable doit se faire la sienne. Vous ne serez jamais touché que par le Dieu qui est en vous. Trouvez-le donc de vous-même. Pour cela, il suffit d'y penser et de chercher la vérité avec une passion sincère. Préférez-la à toute autre chose et il vous sera donné de contempler Dieu.

Notre rôle consiste à vous montrer le chemin, à vous dire ce qu'est Dieu par rapport à l'homme et par rapport à l'Univers visible ; notre œuvre a été et est encore de présenter à nos contemporains une conception générale du monde physique et du monde moral qui fût vraiment religieuse et se trouvât d'accord à la fois avec la raison et avec la science. Quant au sentiment, c'est affaire à chacun de vous de vous mettre sur ce point en relation directe avec Dieu. Je puis seulement vous dire comment j'y suis parvenu pour moi-même, de façon à pouvoir m'écrier comme la Pauline de Corneille :

Je sais, je vois, je crois....

Etant donné que Dieu est identique à l'Unité universelle et le point où convergent et d'où divergent tous les rapports, nous sommes autorisés à doter l'être suprême de toutes les qualités que nous aurons constatées chez les êtres qui nous sont connus au sein de l'Univers. Les seuls êtres qui nous soient positivement connus sont ceux du globe que nous habitons, et parmi les habitants du globe terrestre, ceux que nous connaissons le mieux, ce sont les hommes, nos semblables.

L'Unité universelle devant réunir en soi toutes les virtualités manifestées au sein du Cosmos, possède nécessairement celles qui se manifestent sur la terre. Ce qui nous frappe tout d'abord, c'est la vie que nous voyons se révéler à nous sous des formes très diverses, mais dans des conditions de transformation et de développement qui nous permettent d'affirmer que la vie a ses lois et que l'homme social la possède à un degré de perfection que les autres espèces terrestres n'ont pas atteint. Cette constatation nous permet de conclure de l'être arrivé au sommet de la vie terrestre à l'être occupant le sommet de la vie universelle, et nous pouvons nous représenter Dieu comme un homme dont la vie serait élevée à une puissance telle qu'on peut la concevoir en l'attribuant à la synthèse des synthèses, ou, en d'autres termes, qui serait à l'Univers tout entier comme la vie humaine est au globe terrestre.

Il n'y a pas que de la vie sur la terre, il y a aussi des forces physiques et morales : il y a de l'intelligence et de l'amour. Il y a de la raison, de la sagesse, de la conscience, de la bonté, de la justice.

Eh bien ! il suffit que nous constations l'existence de ces forces, de ces qualités, de ces vertus au sein du Cosmos ou dans notre humanité terrestre, pour avoir le droit de les attribuer à Dieu, en les élevant à la suprême puissance, c'est-à-dire à une puissance telle qu'elle soit conçue comme adéquate à la somme de tous les rapports de même nature dans tous les temps et dans tous les lieux à la fois, en d'autres termes à une puissance infinie.

Maintenant, si vous voulez vous reporter à la figure dont nous nous sommes servi pour faire comprendre la fonction centrale d'unification, de communion, de solidarité que nous avons attribuée à Dieu considéré comme identique à l'unité universelle, vous comprendrez que si le rayonnement se fait en allant du centre à la circonférence et de la circonférence au centre, il n'y aura pas un seul être qui ne soit appelé à bénéficier, dans une mesure toujours relative à sa puissance actuelle (et à sa volonté, s'il s'agit d'un être libre et conscient), des qualités, des forces, des vertus avec lesquelles il lui est donné de communier au sein du divin foyer.

Est-il nécessaire d'ajouter qu'il faut bien se garder de prendre notre schème au pied de la lettre et d'en matérialiser le symbolisme en supposant que c'est en se tenant ainsi immobile au centre du monde, que Dieu remplit ses fonctions de création, de législation et d'Universalisation. Ce serait là une vue grossière des choses. Notre symbole n'avait d'autre réalité que le besoin que nous avions de faire comprendre notre pensée par une image parlante. Mais une fois que vous avez compris le rôle de l'Unité universelle par rapport à la variété universelle, qui vous empêche de voir cette unité universelle, non plus dans un centre matériel, mais dans un point mathématique, qui doit se rencontrer partout dans le monde, pour peu que vous admettiez que le monde est partout plein de Dieu, absolument comme votre corps est rempli partout de votre *Moi* vivant, intelligent et sensible, bien que vous n'ayez jamais vu ni votre vie, ni votre sensibilité, ni votre intelligence, mais seulement les œuvres de votre *Moi* caractérisé par cette triplicité d'attributs. Mais, direz-vous peut-être, il y a une âme en mon corps matériel, qui met en jeu tous mes organes et les unifie pour les faire concourir à un but, à une fin d'ordre à la fois particulier et général ? — Soit ! disons alors qu'il y a une âme universelle, dont le Moi conscient, au lieu de s'appeler homme, s'appelle Dieu et dont le dynamisme absolument parfait donne le ton à tous les dynamismes particuliers et les fait concourir, chacun, faisant sa partie, à l'harmonie de l'ensemble.

Voilà bien de l'anthropomorphisme ! Eh ! sans doute. Mais croyez-vous qu'il soit possible de voir Dieu sans l'anthropomorphiser et de vous unir à la divinité sans la mettre à la portée de votre puissance de sentir, de vivre et de comprendre ! Nous devons accepter comme absolument vraie cette pensée qu'on n'a trouvée généralement que piquante et spirituelle : « Si Dieu a créé l'homme à son image, l'homme le lui a bien rendu. » Non pas que l'homme crée son Dieu, dans le sens vulgaire du mot, mais il est bien certain qu'il se le représente à son image en lui attribuant cependant des caractères de grandeur et de puissance qui n'ont d'autres limite que l'idée qu'il se fait de la perfection suprême. Ajoutons qu'il ne peut faire autrement et que l'anthropomorphisme est parfaitement légitime quand il est maintenu dans les limites de la raison et de la science et qu'il fournit à l'homme un idéal de perfection en rapport avec son degré de développement et propre à son amélioration.

En résumé, toute conception nouvelle du monde n'est religieuse que si elle vient rétablir les rapports de l'âme humaine avec l'infini. Nous avions perdu Dieu, l'avons-nous retrouvé ? Toute la question est là. En ce qui me concerne, la question est résolue. Mais je ne puis faire qu'elle le soit pour les autres. Pour retrouver Dieu, il faut l'avoir perdu. Ceux-là ont perdu Dieu qui ont cessé d'y croire ou dont la foi est en contradiction avec leur raison. C'est à ces « brebis égarées » de toutes les races et de toutes les religions du passé que notre démonstration s'adresse. Mais vous qui avez conservé la vieille foi aveugle de vos pères, vous qui acceptez les dogmes des diverses orthodoxies, catholiques ou protestantes, juives, musulmanes, boudhiques, brahmaniques ou autres, foules, troupeaux humains, qui faites profession de croire ce que croit votre Eglise, vous ne sauriez trouver Dieu, puisque ne vous doutant pas que vous l'ignorez, vous ne cherchez point à le connaître.

Et quant à vous, libres esprits, en trop petit nombre, qui en vous émancipant de la tradition et de la lettre n'avez pas perdu le goût des choses qui ne périssent point, s'il est vrai que vous vous fassiez de Dieu une idée qui satisfasse en vous la raison et la foi, le sentiment et la science, nous n'avons rien à vous apprendre : vous avez déjà retrouvé Dieu, quelle que soit votre croyance, vous êtes déjà nos coreligionnaires et nous n'avons qu'à vous inviter à marcher avec nous par le progrès vers la perfection divine.

II

LE MOI HUMAIN EN FACE DU MOI DIVIN

CHAPITRE II

LE MOI HUMAIN EN FACE DU MOI DIVIN

I. — On sait ce que nous entendons par le moi de chacun. C'est l'âme, la loi, la conscience, ou si l'on veut, l'être conçu dans son unité. « Je me sens vivre et je sais que je suis moi, non un autre, que je suis un, non plusieurs. » C'est simple et à la portée des enfants.

Sans doute, quelque adversaire avisé ne manquera guère de nous opposer cet argument :

« Moi, je ne vois dans tout cela que le jeu régulier de mes organes, dont chacun remplit le rôle qui lui est propre, y compris le cerveau, dont l'activité spéciale s'appelle la *pensée*. Suivant ses applications successives, la pensée prend des noms divers, tels que : volonté, jugement, réflexion, conscience, etc. Le cerveau, grâce aux ramifications nerveuses que lui transmettent les impressions perçues de tous les points du corps, centralise toutes les sensations, toutes les impressions. De toutes ces perceptions qu'il élabore résulte la pensée, la conscience, si l'on veut. Est-ce là le moi? Je ne demande pas mieux, mais je n'en suis pas encore bien sûr, car enfin, vous ne m'avez pas encore fait toucher mon *moi* du doigt. »

C'est une erreur étrange que de s'imaginer avoir expliqué son *moi* par cette analyse faite avec le dos de la main. Cette « pensée *qui est* l'activité spéciale du cerveau » et *qui devient* « la volonté, le jugement, la réflexion, la conscience, etc., etc., » me fait l'effet de se livrer sur elle-même à une transmutation pas mal habile. Peste! Quelle alchimie! C'est encore plus fort que « le cerveau sécrétant la pensée, comme les reins sécrètent l'urine. » Mais la SCIENCE nous a habitués de nos jours à tant de merveilles qu'on n'a pas le droit de s'étonner de rien. C'est égal, je voudrais bien voir ça, et toucher, moi aussi, la chose du doigt.

Cependant, il me restera toujours un scrupule. — On me dit bien comment l'activité du cerveau en général est — à la fois, ou successivement, je ne sais — la pensée, le jugement, la conscience; mais comment cette activité propre à la nature du cerveau devient-elle *ma* pensée, *ma* conscience, comment arrive-t-elle à se distinguer de toute chose et à dire *je?* Voilà ce qu'on ne me dit pas. Et c'est là cependant toute la question.

Ne voit-on pas que si la pensée, la conscience ne sont que l'activité spéciale du cerveau, comme la nature du cerveau est la même, non seulement chez tous les hommes, mais même chez tous les vertébrés (albumine, 7; graisse, 5,23; phosphore, 1,50; osmazôme, 1,12; acides, sels, soufre, 5,15; eau, 80), il n'y aura jamais qu'une seule et même pensée, qu'une seule et même conscience? Que devient dès lors la personne, que deviendra le *moi* de mon adversaire, et comment pourrai-je le lui faire toucher du doigt? — C'est à peu près, du reste, ce qui arrive au Panthéisme, lorsque, ayant affirmé l'*unité de substance,* il est obligé de supprimer tous les êtres au profit du *moi absolu* de l'Etre universel.

Heureusement, il y a d'autres procédés. Il y a celui du vulgaire, qui consiste tout bonnement à dire *je*. Le plus sectaire des matérialistes l'emploie à chaque instant, sans se douter qu'en affirmant ainsi son *moi*, il en donne la meilleure des définitions. Lorsqu'il dit, par exemple : « Je voudrais bien que M. Fauvety me fît toucher mon *moi* du doigt », il a *défini* son *moi* en le limitant par le *moi* de M. Fauvety et en établissant entre eux un moyen de rapport sensible, l'acte de contrat qui leur sera commun. Mais M. Fauvety est ici parfaitement inutile. On peut trouver en soi-même, parce qu'on est à la fois *esprit et corps*, *force et matière*, *unité et multiplicité*, l'objet et le sujet de tous ses rapports. On peut, en *se* touchant du doigt, *se* faire sentir *soi-même*, et avoir une conscience très nette de son identité, en *se* considérant dans *ses* actes accomplis ou dans la pensée de *ses* actes futurs. Que veut-on de plus? Sosie s'en contenterait, bien que la réalité de son *moi* se trouve mise à une rude épreuve en voyant Mercure lui prendre sa peau :

> Pourtant quand je me tâte et que je me rappelle,
> Il me semble que je suis moi!

Sosie n'a pas besoin d'appeler la métaphysique à son aide. Il donne à son *moi* conscient, à son *être*, des nouvelles de ses manifestations, de sa phénoménalité extérieure, et il y joint la réminiscence de ses faits et gestes ou la constatation des faits passés dont il a gardé le souvenir. Ce qui revient à dire, en langage métaphysique, qu'après avoir vérifié l'identité de son *moi* dans l'étendue, il la vérifie aussi dans le temps ; et comme c'est dans le temps et dans l'étendue que s'accomplissent tous les phénomènes possibles, Sosie n'a pas à chercher ailleurs des preuves de son identité. Si cependant des phénomènes nouveaux se produisent qui viennent modifier l'état de son corps ou ses manières d'être, bien loin d'altérer la réalité de son *moi*, elles viendront confirmer encore la conscience qu'il en a.

A Mercure, qui l'a roué de coups pour lui faire avouer qu'il n'est pas Sosie, et qui lui dit :

..... Es-tu Sosie à présent, qu'en dis-tu?

il ne peut s'empêcher de répondre, au risque d'être battu plus fort :

Tes coups n'ont point en moi fait de métamorphose,
Et tout le changement que je trouve à la chose,
C'est d'être Sosie battu!

....

Et peux-tu faire enfin, quand tu serais démon,
Que je ne sois pas moi, que je ne sois Sosie?

On le voit, la question n'a pas fait un pas depuis Molière et depuis les Grecs; la meilleure manière de prouver l'âme est toujours de lui faire sentir le corps. Si c'est là du matérialisme, il faut bien reconnaître que le matérialisme a du bon. Mais il est un autre matérialisme, qui veut régner sans partage. Pour les sectateurs de cette doctrine, la matière suffit à tout ce qui existe : le bien, le mal, le vice, la vertu, l'ordre, le désordre, la servitude et la liberté ne sont que des qualités de la matière, et les êtres eux-mêmes sont des résultantes de ses combinaisons. En un mot, la matière est tout ce qui est !

Or, nous disons, nous : La matière n'existe pas, la matière n'est pas une réalité Il n'y a que des êtres et des rapports. Nous connaissons des corps, qui sont soumis aux lois de la pesanteur, et qu'à cause de cela nous appelons matériels. Rien de plus !.....

Notre philosophie ne cesse un instant de s'appuyer sur les faits ou sur les théories scientifiques les moins contestées.

Il est des gens qui suppriment les termes des problèmes, au lieu de les résoudre. On a beau parler au nom de la science, brûler n'est pas répondre. Ils parlent au nom de la science ! Et nous, au nom de quoi parlons-nous ? Est-ce au nom de la foi, au nom du pape, au nom d'une révélation quelconque ? Ils invoquent les sciences physiques et biologiques, et nous donc ! Nous invoquons en outre la psychologie, la sociologie, la morale ! Notre philosophie, c'est la science générale, c'est-à-dire la science qui les résume toutes parce qu'elle les embrasse dans leurs principes et les fait aboutir à une vue d'ensemble! En dehors de la philosophie, les sciences spéciales ne sauraient conclure. Que peut la chimie livrée à elle-même ?. Elle conclut, dites-vous, au matérialisme ? Je vous réponds que la question ne la regarde pas et qu'elle n'en sait pas le premier mot. J'en dis autant de la physique, de l'anatomie et même de la physiologie. Aucune de ces sciences, prise isolément, ne peut expliquer l'homme et l'univers, bien que l'homme et l'univers ne puissent s'expliquer sans le secours de ces sciences et sans les connaissances positives qu'elles fournissent à la *philosophie*.

L'UNITÉ DE L'ÊTRE HUMAIN ET LE POLYZOÏSME

II. — Nous copions ce qui suit dans un mémoire de M. Durand (de Gros), à la Société d'Anthropologie :

« La physiologie et la médecine, la psychologie et la morale se sont accordées jusqu'à ce jour à regarder l'homme comme une unité vivante, sentante et pensante, entièrement compacte et irréductible, comme un corps animé et simple; et, sur cette première et commune croyance, toutes leurs institutions dogmatiques et pratiques se sont formées. Or de nouveaux faits semblent venir aujourd'hui nous démontrer que cette croyance est une erreur, que l'être humain est, en réalité, une collection d'organismes, une collection de vies et de *Moi* distincts, et que son unité *apparente* est tout entière dans l'harmonie d'un ensemble hiérarchique dont les éléments, rapprochés par une coordination et une subordination étroites, portent néanmoins chacun en soi, tous les attributs essentiels, tous les caractères de l'animal individuel... »

Voilà un point de vue nouveau et c'est avec raison que M. Durand avoue « qu'un tel principe est menaçant pour tout un vaste système d'idées et de choses établies. » Mais là n'est pas la question. La question est de savoir s'il est conforme à la vérité, à la réalité des choses. Tel n'a pas été l'avis de M. le docteur Chaussard qui, dans un rapport présenté à l'Académie de médecine, combat énergiquement les théories de M. Durand, en leur opposant la doctrine de l'unité organique, qui a toujours été professée par l'école de Paris.

« La vérité, mère de la plupart des grandes vérités médicales, c'est l'unité de la personne humaine, » dit très justement M. Chaussard, et il faut féliciter l'Académie d'avoir su résister jusqu'ici aux tendances qui semblent entraîner beaucoup de médecins à nier ce grand principe. Malheureusement, la méthode purement analytique, ou plutôt le mauvais usage que l'on en fait, ne peut que faire méconnaître l'unité.

Il est bon de constater que l'Académie dont M. Chaussard représente assez fidèlement l'esprit, ne se fait pas illusion sur ce point : « La physiologie expérimentale, qui a conquis une si juste et si féconde autorité, ne voit devant elle que division et multiplicité ; les organes et les appareils plus ou moins mêlés ou liés les uns aux autres, elle les *dissout* pour les analyser, pour saisir le mécanisme des actes qu'ils accomplissent ; plus elle sépare et divise et mieux elle distingue et connaît (?). Le tout, l'être entier, que peuvent-ils être à ses yeux, sinon la juxtaposition et la collection de ces organes, de ces appareils, de ces tissus et de ces cellules dont l'analyse pure montre l'indépendance tout au moins relative, sans jamais montrer sous une forme visible l'unité qui les pénètre. »

Pourquoi les physiologistes contemporains ne savent-ils pas reconnaître l'unité qui pénètre tout l'organisme ? M. Chaussard paraît l'ignorer ou néglige de s'en rendre compte. Nous répondons à sa place que c'est par suite de la fausse méthode qui leur fait voir la réalité dans les phénomènes, au lieu de la voir dans la loi qui les ramène à l'unité. Mais cette loi, dit-on, est une abstraction, une simple formule de la raison? Point. Cette loi, *c'est l'être même au moment où la raison le saisit et le réalise dans son unité intégrale.*

« Mais, dit-on, si l'unité est un fait réel, un caractère vrai de l'organisme, où en est le siège, quel en est l'instrument? Existe-t-il une fonction sans organe, un caractère organique sans tissu, sans matière vivante qui le supporte? Où est l'organe de l'unité? Si cet organe existe, tout ce qui est dans l'organisme n'est pas cet organe; n'est-il pas en dehors de l'unité, et dès lors que devient celle-ci? »

L'unité est la réalité même; mais l'unité n'a de siège spécial ni dans un point particulier de l'organisme ni hors de l'organisme. Elle est l'acte au moment où il s'accomplit; elle est la fonction de l'organe; elle est le jeu de l'appareil; elle est l'œuvre que produit la force en se transformant; elle est le fait de création au moment où il s'opère par l'union des deux termes, de deux impulsions, de deux énergies. Mais cet acte, ce fait, cette œuvre que l'esprit comprend, que la raison formule et qui devient *la loi* des rapports qu'elle exprime, la cause des phénomènes qu'elle va susciter et qu'elle servira à expliquer, cette unité enfin ne tombe pas sous les sens. Ce qui se voit, se sent, se touche, est toujours complexe, toujours multiple : c'est le phénomène. Le phénomène manifeste ce qui est et le fait connaître à nos sens, mais il n'est pas ce qui est. Pour que l'esprit comprenne ce qui est, il faut qu'il le pénètre de sa lumière (*intelligere*) et le saisisse, l'embrasse (*comprehendere*) dans le moule d'une raison consciente qui lui imprime son caractère d'unité, d'intégralité, caractère sans lequel l'être ne saurait ni se distinguer, ni se définir, ni se maintenir dans son identité, tout en progressant et s'universalisant.

C'est pourquoi nous sommes avec l'Académie de médecine quand elle affirme l'unité organique, tout en trouvant très insuffisantes les raisons que donne M. Chaussard pour en justifier le principe par le pur expérimentalisme. Et cependant nous croyons que M. Durand est dans le vrai, lorsqu'il affirme que les vertébrés sont comme les invertébrés des collectivités et représentent physiologiquement des associations d'animaux distincts, vivant réunis en une seule masse corporelle.

Seulement où nous nous séparons de notre ami, c'est lorsqu'il paraît conclure de la collectivité organique à la négation de l'unité de l'être. Nous restons sur ce point, avec l'Académie de Médecine, fidèle à la vieille donnée spiritualiste, et nous répétons avec l'éminent physiologiste J. Muller : « Il y a dans l'organisme l'unité du tout qui plane au-dessus de la multiplicité des membres et qui la domine. »

Nous pensons que M. Durand se fait de l'organe une idée plus vraie que celle qu'on s'en est faite jusqu'ici. Il a eu raison d'en subordonner la notion à celle de l'organisme et de lui attribuer une certaine unité de vie résultant, comme dans l'organisme lui-même, du concours de forces organisées par une loi spéciale et pour une fin qui est à la fois la vie particulière de l'organe et celle plus générale de l'organisme. Mais nous croyons que M. Durand s'est trompé lui-même dans sa conception de l'être lorsqu'il n'y a vu qu'une collectivité, qu'une association. L'association n'est pas l'être ; elle est le moyen par lequel l'être se réalise dans un milieu donné. Le polyzoïsme est vrai à condition qu'il ne sorte pas de la sphère matérielle et purement phénoménale. Il prouve que tout est vivant dans l'organisme et que toute œuvre organique est faite par des travailleurs vivants et associés. Mais cela ne change en rien la constitution de l'être, qui reste ce qu'il a toujours été : *un* dans son essence, dans sa loi, et *multiple* dans ses formes, dans ses phénomènes. Seulement, le polyzoïsme constitue une matérialité vivante et animée, au lieu d'une matérialité passive et mécanique. Et c'est là un véritable progrès. Mais pour cesser d'être automatique, l'organisme n'en est pas moins un instrument, et l'unité, pour ne pas être extérieure à l'organisme, n'en est pas moins la loi de l'organisme. La vie de l'être, en s'étendant à tous les organes, à tous les appareils, à tous les tissus, à toutes les molécules de son organisme, est partout identique à elle-même au milieu de la variété de ses moyens d'action. L'unité, pour ne pas être localisée en un point particulier de l'organisme, n'en est pas moins réelle, et c'est justement parce qu'elle n'a aucun des caractères de la matérialité qu'elle reste simple et irréductible dans son autonomie. Il n'y a pas plusieurs âmes dans un organisme : les archées de Van Helmont n'ont pas plus de réalité que les esprits animaux des anciens et les prétendues propriétés de la matière par lesquelles aujourd'hui ont croit expliquer les phénomènes de la vie. M. Durand aurait bien tort de supposer des âmes secondaires, des âmes spéciales et ganglionnaires pour les subordonner à l'âme céphalique. Ce fédéralisme organiciste serait une assez pauvre invention, et s'accorderait fort mal avec cette pensée qu'il émet sous forme d'aphorisme dans son mémoire à l'Académie, et qui nous paraît, quoi qu'en dise M. Chaussard, parfaitement justifiée par les faits : « En l'âme, c'est-à-dire dans l'impression mentale, réside la puissance de réaliser tous les effets morbides ou curatifs réalisables par n'importe quel spécifique connu ou à connaître.

Mais comment concevoir une telle puissance, si l'être humain n'est qu'une *unité apparente*, si l'unité de l'âme ne domine pas tous ses contenus, tous ses attributs, toutes ses fonctions, *toutes ses formes matérielles*, comme la loi domine tous les rapports qu'elle unifie en les formulant ? Unité de l'être est donc synonyme d'autonomie de l'être.

Et M. Durand, s'il veut être exact dans son langage, devra dire avec nous : que si, dans ses parties, dans ses éléments, l'être *paraît* multiple, pris dans son intégralité — et c'est ainsi que toujours il s'affirme dans son moi — il *est* bien réellement UN.

PREUVES LOGIQUES DE L'IMMORTALITÉ DE L'AME

L'immortalité n'est pas pour nous une simple croyance, c'est une certitude, et cette certitude peut être acquise par toutes les intelligences, car elle repose non sur un sentiment, non sur une hypothèse, non sur une théorie, mais sur des propositions qui forment de véritables équations et ont valeur d'axiomes :

1° L'Etre est ce qui est. — Je suis : donc je suis ce qui est ;

2° Le néant n'est pas. — L'Etre étant ce qui est, ne peut être ce qui n'est pas.

Le néant, privation de l'Etre, est donc contradictoire à l'Etre. Je ne puis être et n'être pas.

Je suis : donc je ne puis être anéanti ;

3° L'Univers est constitué par l'ensemble des êtres. — Je suis un être distinct et tous les autres sont de même ; ils sont comme moi tous distincts les uns des autres.

Il en résulte que je ne pourrais cesser d'être ce que je suis, sans devenir un autre, sans prendre l'individualité d'autrui. Ce qui implique contradiction, car je ne puis être à la fois ce que je suis et ce qu'un autre est. Je ne puis être moi et pas moi. D'une autre part, je ne puis être un autre sans que cet autre cesse d'être; de même un autre ne peut devenir moi sans que je sois anéanti. Or, ce qui est ne peut cesser d'être. Le néant est contradictoire (1).

Je suis donc autorisé à affirmer que mon individualité persiste dans sa distinction et dans son identité, que la disparition de mon être par la dissolution de ses formes matérielles ne prouve rien, si ce n'est que je me trouve séparé de mon organisme terrestre et, par conséquent, privé de mes moyens de rapport avec le milieu qui m'en avait fourni les éléments.

Voilà qui me suffit pour que j'agisse comme devant vivre toujours.

Comment?

Je ne sais.

---

(1) Il n'est pas inutile de faire remarquer que les trois propositions qui précèdent ne sont pas des raisonnements *à prioriques.* Elles reposent sur des axiomes qui portent leur preuve en eux-mêmes comme ceux de la géométrie. Dire que « l'Etre est ce qui est », que « le néant n'est pas », c'est proférer des tautologies naïves, mais en tout cas incontestables, comme 2 et 2 font 4.

Où?

Je l'ignore.

Mais est-ce bien là ce qui importe le plus?

Le lieu de ma vie future ? Je le verrai quand j'y serai.

Le comment ? Je le saurai un jour en l'étudiant à l'aide des instruments de rapport propres au nouveau milieu, quel qu'il soit.

Je connais d'ailleurs assez l'ordre pour prévoir que partout et toujours la science humaine saura en découvrir les conditions, et je suis assez sûr de ma liberté pour être convaincu que toujours et partout je commanderai à la nature en respectant ses lois. Une seule chose importe, c'est que l'unité persistante de mon être se concilie avec une existence toujours grandissante et que mon moi progresse sans rien perdre de son identité.

Or, la science m'apprend que rien ne se perd dans le monde et que tous les êtres sont reliés les uns aux autres par une universelle solidarité qui les fait constamment communier dans l'unité sans jamais s'y confondre. L'individu humain est une personne morale qui se connaît dans la lumière de sa raison et se possède dans la sphère de son autonomie. Uni à un organisme, l'être conscient, comme tous les êtres vivants, est soumis à la loi *du devenir*. Mais, libre dans un milieu nécessaire, le moi de chaque homme se crée lui-même en communiant avec ses semblables et avec tout ce qui est. Fils de ses œuvres, *il devient* sans cesse, sans rien perdre de ce qu'il a acquis et sans faire rien perdre à qui que ce soit, car l'unité universelle où il s'abreuve est inépuisable et tout ce que les êtres relatifs y déversent s'y élève à la puissance de l'infini.

Ainsi, dans quelque milieu que ce soit, sur cette terre ou au delà de la tombe, je suis ce que je me suis fait, et mon état actuel est toujours une résultante de mon antériorité.

Quel encouragement plus puissant à grandir, à s'améliorer, à progresser! Il ne s'agit plus ici de la notion grossière d'un juge tout-puissant qui punit et récompense. L'homme n'a que faire d'une rémunération extérieure : la rémunération est dans l'œuvre même et la justice ne se sépare plus de la loi. Le bien que je fais m'améliore; le savoir que j'acquiers agrandit mon horizon; le sentiment de tendre fraternité qui m'unit à mes semblables et aux êtres inférieurs échauffe mon cœur; l'amour du bon, du beau, du juste, exalte mon âme. J'agis enfin et je réalise un progrès. Mon progrès, voilà ma récompense! Quelle autre pourrais-je mériter? La plus belle ne sera-t-elle pas dans le fait même de mon avancement et mieux encore dans l'avancement du plus grand nombre d'hommes, du plus grand nombre d'êtres, dans la réalisation d'un progrès à la fois personnel, humanitaire, universel! — Car je ne suis pas un atome perdu dans l'immense univers, je ne suis pas une unité isolée dans le temps et dans l'espace; je suis une unité multiple, collective; je suis *famille, nation, humanité;* je tiens à la terre, à son monde, je tiens à l'univers entier, et je ne puis progresser, je ne puis améliorer mes rapports sans introduire dans le monde, où rien ne se perd, un élément nouveau qui profitera d'une façon plus ou moins directe, plus ou moins immédiate, à tout ce qui est.

Le progrès de la personne humaine dans la solidarité universelle, tel est le mobile de la conscience, le motif de l'œuvre et la source de la vie morale pour l'homme qui s'affirme dans son autonomie, dans son identité impérissable, dans son unité indestructible au milieu des formes multiples et changeantes de sa matérialité.

Ce n'est plus l'abnégation du moi, ce n'est plus

le sacrifice gratuit, car l'abnégation donnée pour mobile et le sacrifice gratuit érigé en loi sont la négation même du moi et aboutissent au néant. — En effet, la réalité universelle n'étant que la somme de tous les êtres, si chaque individualité fait abnégation d'elle-même et se sacrifie soit à autrui, soit à la communauté, il n'y a plus rien. C'est pourquoi la théorie de l'abnégation et du sacrifice érigé en loi est fausse, absurde, contradictoire (1).

Ce n'est pas davantage l'enfer avec ses terreurs, le paradis avec ses calculs usuraires. Ces craintes et ces espérances avaient leur raison d'être dans l'enfance de l'humanité.

Elles déshonoreraient l'humanité majeure, si

---

(1) Ce raisonnement où l'on applique le critère de certitude fourni par le principe d'*universalité*, à l'altruisme et au panthéisme en morale, n'exclut nullement le sacrifice volontaire *du mien*.

Je puis sacrifier *ma* fortune, *mon* temps, *ma* santé, *ma* vie, soit à mon prochain, soit à ceux que j'aime, soit à mon pays, soit à l'humanité, et il peut se présenter des cas où je devrai le faire; mais *ces biens* ne sont pas *moi*, je puis m'en séparer sans cesser d'être *moi*.

Un tel sacrifice, s'il est fait rationnellement, par devoir, par vertu ou par héroïsme, bien loin de porter atteinte à mon *moi*, en sera l'agrandissement.

Il en serait tout autrement si l'on me demandait le sacril'humanité émancipée par la science pouvait encore les conserver dans sa morale alors qu'ils auront cessé d'être les points d'appui de sa religion.

Que si l'on nous demande où va l'être sur la route du progrès, nous répondons qu'il va à Dieu, but et fin de toutes choses.

En effet, qu'est-ce que progresser, sinon étendre et multiplier ses rapports? Plus l'être étend et multiplie ses rapports, plus il se sent être, de sorte que la personnalité la plus hautement titrée, le moi le plus intense, serait celui dont le rayonnement pourrait s'étendre à tout ce qui est. Mais un moi qui s'étend à tout ce qui est s'appelle universel, et nous avons nommé Dieu. On peut sans

---

fice de *ma* conscience ou de *ma* liberté morale, de *mon* autonomie, de *ma* souveraineté. Cela c'est MOI et je ne puis cesser d'être une CONSCIENCE *libre*, *souveraine*, *autonome*, sans cesser d'être une personne humaine, la personne que je suis.

On voit ce qui doit résulter de ces principes dans l'ordre concret, dans la vie sociale et politique : condamnation absolue de toute aliénation, volontaire ou non, de la personne humaine. L'homme n'a pas le droit de *se* vendre, d'engager *sa* personne, d'aliéner *sa* souveraineté, de *se* soustraire à la loi de son être, car la loi de son être c'est son être même dans ce qu'il a d'un, d'identique, d'éternel, de divin, d'absolu.

crainte nommer Dieu *le moi universel*, lorsqu'on sait que tous les êtres se pénètrent sans se confondre. Mais il ne faut pas commettre la faute de le réaliser en dehors de l'univers, comme le fait le surnaturisme (catholique et autre), ou de l'incarner dans un homme, un César, par exemple, comme faisait le naturisme païen. En dehors de l'univers, il n'y a aucune réalité, et Dieu n'a pris domicile dans aucun être. Dieu n'est pas un être. Il est l'Etre dans son universalité. Il est cette unité que nous concevons, parce que nous sommes unité nous-même, et que nous faisons absolue parce que nous nous la représentons adéquate à l'universelle phénoménalité. Mais si nous cherchons la forme de Dieu, elle n'est pas ailleurs que dans l'objectivité cosmique qui réalise sans cesse l'idée divine. Il n'est pas d'autre corps, d'autre organisme pour Dieu que le corps même de l'univers, qui est la somme de tous les êtres. Le moi divin, et c'est en cela que consiste la suprême perfection, le moi divin n'existe que dans ce qui est, par ce qui est, pour ce qui est. Il est le point idéal où tous les êtres communient, où le moi et le non-moi par l'amour et l'harmonie éternellement s'unissent, sans jamais se perdre et se confondre. A cette hauteur, la théologie disparaît pour faire place à l'ontologie, à la science des êtres. Et si dans notre classification des connaissances (voir notre *Méthode intégrale*), nous avons fait figurer une *théonomie*, c'est que nous entendons par la science des lois de Dieu cette branche dernière des connaissances humaines qui nous permet de rapporter la loi des choses à une finalité universelle voulue par la raison.

LA VIE ÉTERNELLE ET LE SALUT COLLECTIF

III. — Lorsque nous nous réunissons pour fêter nos morts, nous devons croire que les groupes humains, à l'état d'esprits invisibles, mais présents et attentifs, nous entourent; que ceux qui nous ont aimé sont auprès de nous et ceux-là aussi qui, de l'autre côté de la vie, sont sympathiques à notre œuvre. Peut-être comptons-nous plus d'amis parmi les *désincarnés* que parmi les habitants actuels de cette terre, où les préoccupations matérielles tiennent tant de place, et rien ne nous empêche de penser que dans la lutte que nous soutenons contre l'indifférence du siècle pour les vérités éternelles, ceux-là du moins applaudissent à nos efforts qui, débarrassés des besoins et des étreintes de la chair, savent à quoi s'en tenir sur la réalité de la vie spirituelle, dont ils sont entrés en possession.

N'allez pas croire cependant que les âmes habitent le cimetière, où l'on a déposé leurs restes mortels ! Non, chacune d'elles est allée dans les Cieux occuper la place qu'elle s'y est préparée par sa vie terrestre, et cette place, déterminée par la pesanteur de son atmosphère psychique, est plus ou moins élevée vers la lumière, plus ou moins lumineuse au sein des plaines éthérées qui séparent les mondes. Mais la même loi dynamique d'attraction et de répulsion, qui régit les astres, régit aussi les âmes désincarnées. L'Amour en est l'expression suprême. Les âmes vont à l'attrait sympathique qui les appelle, de sorte que toutes les effluves affectueuses, émanées du foyer spirituel qui constitue notre âme vivante, attire vers nous, non seulement les êtres que nous avons aimés en ce monde, mais nous procurent une foule d'amis inconnus, épris, avec nous, d'un même amour du prochain, et altérés, comme nous le sommes, pour l'humanité entière, de fraternelle charité, de vérité et de justice !

En tous cas, présents ou absents, incarnés ou

désincarnés, âmes ou corps, c'est pour tous les hommes que nous travaillons, qu'ils vivent de ce côté ou de l'autre de la tombe. C'est pour tous et pour chacun que nous voulons la lumière, toujours plus de lumière, car tous, incarnés ou désincarnés, en ont besoin. Les Esprits, ici ou là, à quelque degré qu'ils soient arrivés dans l'échelle de la vie, ne savent jamais que ce qu'ils ont appris et ne possèdent de richesses intellectuelles ou morales que celles qu'ils ont amassées eux-mêmes. Recueillons donc pour eux comme pour nous ces biens qui ne périssent point. Combattons partout le grand combat de la lumière contre les ténèbres. Luttons contre l'ignorance et la barbarie, contre le vice et le crime, contre la guerre, la superstition, l'intolérance, le fanatisme ; apprenons aux hommes à ne plus se haïr, à s'aimer, à s'aider, à se secourir les uns les autres et à s'instruire mutuellement de leurs droits, de leurs devoirs et de leurs destinées. Mais n'oublions jamais que le sort de ceux qui nous ont quitté pour aller se reposer dans les milieux éthéréens, notre patrie commune, ne nous intéresse pas moins que le nôtre même. Pour avoir disparu du milieu de nous, ils n'ont pas cessé d'appartenir au même organisme humanitaire, et la même solidarité nous étreint, les vivants d'hier, les vivants d'aujourd'hui, les *revivants* de demain, car, comme le dit saint Paul, « nous sommes tous les membres les uns des autres », et chacun de nous est destiné à revenir s'incarner à nouveau pour soutenir cette lutte laborieuse de l'existence, aussi nécessaire à notre développement individuel qu'au progrès collectif des sociétés humaines et à la réalisation de l'être-humanité ; et cela jusqu'*à la fin des temps*, c'est-à-dire jusqu'à ce que soit acquise pour l'âme commune et le corps entier de l'humanité, cette vie parfaite dans sa plénitude qui doit nous faire vivre tous pour chacun et chacun pour tous au sein de l'Unité divine.

Mais pour obtenir ce résultat, il faut que la communion des vivants et des morts devienne une réalité. Il faut que ceux qui savent donnent gratuitement ce qu'ils savent, tout ce qu'ils savent à ceux qui ne savent pas. Jusqu'ici nous voyons que le trouble qui existe dans nos esprits se conserve au-delà de la mort terrestre. Il faut éclairer ceux qui vivent et ceux qui vont mourir sur la continuité de la vie au-delà du tombeau ; mais il faut aussi que nous instruisions nos chers disparus des devoirs sociaux qui leur incombent dans la préparation qu'ils ont à subir pour leur renaissance. Il faut qu'ils nous reviennent meilleurs qu'ils ne sont partis. Pour cela, il est nécessaire de leur apprendre que la persistance de la vie individuelle n'est qu'un premier pas vers la vie éternelle, que pour la conquérir, cette vie éternelle, il faut le concours de tous les membres du même corps social et de la même humanité. Et comment s'élever à ces hautes destinées tant qu'on laissera la grande majorité des âmes humaines en proie à toutes les misères physiques, intellectuelles et morales, et à tous les vices qui naissent de l'ignorance du but de la vie et des fonctions que l'homme social doit remplir sur la terre envers ses semblables vivants ou morts et envers tous les êtres inférieurs qui, eux aussi, tendent à monter plus haut vers la lumière et la liberté !

L'Eglise catholique, en instituant le culte des morts, s'était bien préoccupée de cette pensée, conséquence de l'idée mère du christianisme évangélique — celle du salut collectif — mais nous avons mieux à faire qu'à faire dire des messes pour calmer les souffrances des âmes vouées aux flammes de l'enfer éternel ou du purgatoire. Nous avons à fermer à jamais les portes de l'enfer et à faire entrer assez de lumière dans le purgatoire pour le purifier de vaines terreurs populaires et des spéculations honteuses d'un clergé vénal.

Ces superstitions d'une foi aveugle et complètement dévoyée n'ont rien de commun avec la révélation évangélique. Le Christianisme, interprété, non « d'après la lettre qui tue, mais selon l'esprit qui vivifie », n'a jamais prétendu terroriser le genre humain, sous la parole d'un Dieu de vengeance et de colère. Elle est venue au contraire apporter la joie et l'espérance, avec la *bonne nouvelle* du salut collectif par l'amour et la charité et la conquête pour tous de la vie éternelle. Le salut collectif est tout autre chose que la simple persistance de l'âme après la dissolution du corps terrestre. Ceci n'est qu'un premier pas de la vie future. Le christianisme évangélique a tenté de réaliser le second en montrant que l'œuvre religieuse à accomplir n'était pas une immortalité passagère au profit de quelques privilégiés, mais qu'il fallait conquérir le ciel, en le transportant sur la terre harmonique et solidaire du corps social de l'humanité.

Donc la bonne nouvelle consistait dans le salut de tous par la communion spirituelle des meilleurs et des plus avancés, avec l'âme divine. Cette communion ouverte à tous les pécheurs, — et qui ne l'est pas? — devait s'obtenir en dépouillant en soi le *vieil homme, naissant à nouveau* dans le Seigneur, c'est-à-dire en s'unissant à la vie divine par Jésus-Christ, fils de l'homme et fils de Dieu et donné comme personnifiant l'âme idéale de l'Humanité. Ce type divin à réaliser devait être le règne *de Dieu* sur la terre, et l'œuvre sociale devait consister à construire le corps du Christ par l'imitation de ses vertus, de son amour des hommes, de son sacrifice et, en faisant comme lui, *les Œuvres du Père :* « Soyez parfaits comme votre Père céleste est parfait » — « et sachez que tout ce que vous demanderez au Père et en mon nom, il vous le donnera. » — « Car mon Père lui-même vous aime parce que vous m'avez aimé et que vous avez cru que je suis venu de Dieu.... Et maintenant je ne suis plus au monde, mais eux sont au monde, et je vais à toi, Père saint! Garde en ton nom ceux que tu m'as donnés, afin qu'ils soient *un*, comme nous sommes *un*... » Et encore : « Or, je ne prie pas seulement pour mes disciples, mais je prie aussi pour ceux qui croiront en moi par leur parole (*tous ceux qui vivront pour l'Humanité*), afin que tous ne soient qu'un, ô Père, comme toi tu es en moi et que je suis en toi ; qu'eux aussi soient en nous et que le monde croie que c'est toi qui m'as envoyé, car je leur ai donné la gloire que tu m'as donnée afin qu'ils soient un, comme nous sommes un ; je suis en eux et tu es en moi, afin qu'ils soient perfectionnés dans l'Unité et que le monde connaisse que c'est toi qui m'as envoyé et que tu les aimes comme tu m'as aimé.... Et je leur ai fait connaître ton nom, et je leur ferai connaître, afin que l'amour dont tu m'as aimé soit en eux et que je sois moi-même en eux.... Car la vérité les sauvera... » Ainsi s'exprime saint Jean, en son style mystique, mais combien cela est facile à comprendre pour celui qui, pénétré de l'Esprit de l'Evangile, y cherche la pensée, voilée, mais non cachée par la forme.

Inutile de traduire ces paroles mystiques de saint Jean en langue vulgaire, je veux dire dans la langue positive et prosaïque de notre époque. Je dois cependant donner à ce qui précède une conclusion qui ait la valeur d'une déclaration de principe sur la question de la vie future.

Et d'abord, il faut dire pourquoi nous aimons à nous appuyer sur l'Evangile. Cette piété peut paraître singulière, alors que nous restons non-seulement en dehors de l'Eglise catholique, mais aussi étranger à toute secte chrétienne, et alors surtout que ne reconnaissant aux *saintes écritures* des juifs et des chrétiens aucune autorité surhumaine, nous entendons les soumettre, comme tous les autres livres, sacrés ou non, aux seules lumières de la Raison, qui est Dieu en chacun de nous, car elle est selon l'Evangile lui-même « cette pure lumière de l'esprit avec laquelle tout homme vient en ce monde. »

Que sommes-nous donc vis-à-vis du christianisme ? En réalité, nous sommes des philosophes rationalistes, comme Voltaire et Rousseau, et des libres-penseurs religieux, et, de plus, ce qui est mieux de notre temps, des *socialistes*, c'est-à-dire des gens qui veulent que tous les hommes soient considérés comme les membres du corps de l'humanité et admis, tous également, à s'assimiler à son âme divine, de façon à ce que chacun d'eux puisse s'élever progressivement vers la lumière et se perfectionner dans l'intégralité de son être, au point de vue physique et affectif, intellectuel et moral. C'est donc au nom de la solidarité humaine que nous parlons lorsque nous revendiquons pour toutes les classes d'une même société un droit égal à l'héritage de notre humanité commune. Eh bien, c'est en ceci surtout que nous nous réclamons du christianisme, parce que c'est là justement l'union qu'il devait réaliser, qu'il n'a fait que préparer imparfaitement par ce long martyrologe du moyen-âge et les luttes de la Réforme, et que nous venons accomplir.

Donc, si nous nous rattachons plus particulièrement à la révélation évangélique, ce n'est pas seulement parce que nous appartenons à la série ethnique du christianisme et à la civilisation chrétienne, c'est aussi et surtout parce que nous trouvons dans l'Evangile et dans tout le canon du Nouveau Testament la formule religieuse et sociale que l'Esprit humain doit réaliser sur la terre et qu'il nous semble que l'heure est venue d'entreprendre ce grand œuvre et d'y convier tous les hommes de bonne volonté.

C'est donc en ceci surtout que nous nous réclamons du christianisme : Quand le mot *humanité* n'existait même pas dans la langue des hommes, la révélation évangélique est venue enseigner à l'ancien monde la grande idée de l'âme commune de l'humanité et la conquête de la vie éternelle par la construction du corps social tenu en union spirituelle avec la Raison divine. L'Eglise catholique qui devait former, par la communion des saints, le *noyau* de ce corps terrestre avait cette mission. Elle l'a méconnue dès les premiers siècles chrétiens et s'est même appliquée à en effacer la trace en détruisant ou altérant tous les livres qui en faisaient mention. Elle voulait une foi aveugle. Elle l'a obtenue durant ces longs siècles du moyen-âge qui ont été comme le martyrologe de ce grand corps du *Christ-Humanité*, qu'elle devait réaliser sur la terre pendant que son âme idéale était remontée au ciel pour s'identifier avec le Père céleste. Et voilà dix-huit siècles et plus que le corps du Fils de l'homme reste pendu à la Croix, et *la Réforme* n'a pas même songé à l'en détacher. Elle l'aurait pu si en se nourrissant, comme ils l'ont fait, *des Ecritures,* les réformateurs du 16e siècle avaient songé à les expliquer « *en esprit et en vérité* », comme Jésus lui-même l'avait recommandé. Mais non, leurs successeurs, même les plus dégagés de la foi aveugle, ne savent pas encore de nos jours, ou ne veulent pas, distinguer : le sens voilé sous le mythe et le symbole, de ce qui est la leçon morale destinée à tous; celle-ci, toujours exposée clairement et mise même en saillie par la parabole, l'autre « cachée à ceux qui ont des yeux pour ne point voir et des oreilles pour ne pas entendre ». Ce qui veut dire simplement qu'il y a un langage *ésoterique* pour les disciples préparés par l'étude et l'initiation, mais inaccessible à la foule qui ne comprend que le sens externe et matériel des choses, ne connaît que *le fait* brutal, le phénomène et surtout le miracle — car, comme le dit si bien saint Paul : « Les Athéniens veulent des raisons, mais les Juifs demandent des miracles ! »

En résumé, nous voici arrivés à cette phase palingénésique, si semblable à l'époque de la mort du Grand Pan, de la chute et de la destruction de Jérusalem et de l'avènement du *Fils de l'Homme*, que l'on appelle toujours à tort la fin du monde — le monde ne meurt jamais, n'ayant ni commencement ni fin — mais qui est cet état de crise, assez semblable à la dissolution de notre corps terrestre, qu'on appelle la mort et n'est pour l'être social, comme pour notre être personnel, qu'une transformation nécessaire. Il dépend de nous, de notre raison, de notre sagesse, de notre vouloir et de notre dévouement pour l'âme de notre commune humanité, que cette transformation se fasse pacifiquement, par une évolution régulière comme le veulent les lois de la vie au sein de tous les organismes. Pour cela, il faudrait comprendre et faire comprendre aux chefs populaires, à ceux qui, par la presse ou la parole, comme par leurs fonctions politiques, ont charge d'âme et inspirent ou dirigent les foules humaines, qu'il n'y a pas de solution organique à une révolution sociale sans une rénovation religieuse préalablement implantée dans les âmes. Si l'idéal nouveau était acquis à l'esprit humain; si l'on savait où l'on va et ce qu'il faut vouloir au profit de tous, pour réaliser l'ordre, la paix, la liberté et la justice sur la terre en vue d'un progrès intégral pour chaque membre du corps de l'humanité et pour toute la création planétaire, qui est la matière même dont nous sommes tous faits, hommes et animaux, les dévouements ne manqueraient pas à nos hommes d'Etat, à nos écrivains publicistes, orateurs, philosophes ou savants. Non, le dévouement ne leur manquerait pas, ni le désintéressement, ni l'intelligence, et les guides des nations, avec la liberté de la presse et le suffrage universel consulté sur les besoins des populations et leurs aspirations légitimes, auraient bientôt réussi à faire entrer, sans violence et sans effusion de sang, la civilisation dans la voie lumineuse d'un progrès social réellement organique et véritablement humanitaire.

Permettez que j'arrête ici ces explications trop longues, sans doute, mais non pas inopportunes et que je revienne à la question de la vie future.

Je m'associe de cœur et d'intention à ceux qui protestent contre cette doctrine inhumaine qui tend à condamner à l'anéantissement ou à la rétrogradation dans des règnes inférieurs au règne humain, les âmes qui n'ont pas su se purifier assez, durant leurs existences terrestres, pour construire leur moi spirituel et conquérir ainsi l'immortalité. Je veux l'immortalité pour tous, même pour ceux qui la nient. Je la veux, non seulement pour les âmes qui ont conservé leurs instincts matériels et leurs attaches terrestres ; je la demande, non seulement pour les *médiocres* en vertu et pour les pauvres d'esprit, mais même pour les méchants et les criminels. Il faut que tous les hommes soient sauvés. « Patient, parce qu'il est éternel », le Créateur doit à tous les êtres le temps nécessaire à leur évolution complète. Combien d'hommes sont victimes du milieu où ils sont nés ! Combien n'ont pu se développer moralement et intellectuellement, même dans plusieurs séries d'existences successives !

Et puis on part généralement d'une idée fausse, c'est que l'homme a été fait libre le jour où il a appris à distinguer le bien du mal. La conscience et le libre arbitre sont deux attributs distincts qui peuvent ne pas se développer de compagnie. *L'homme animal* n'est pas libre et il faut bien du temps à *l'homme social* pour le devenir. Que l'être doué de conscience et de raison soit responsable de ses actes : rien de mieux! Il ne progresse et ne s'améliore qu'à condition d'avoir à souffrir de ses erreurs et de ses fautes. Qu'il meure dans son corps terrestre pour se retrouver ce qu'il s'est fait lui-même et renaître avec les facultés qu'il a su acquérir par ses propres efforts dans ses vies antérieures : c'est justice! Mais né de l'âme universelle, il ne saurait perdre l'étincelle qu'il en a reçue. C'est là un germe divin et inextinguible, qu'il doit rapporter à sa source éternelle et inépuisable, après l'avoir développé jusqu'à la perfection suprême, en y employant tout le temps qui lui aura été nécessaire. Tous les membres de la caravane vont au même but; tous n'y arrivent pas en même temps; mais tous y arrivent. Ne faut-il pas que toute force produite se retrouve et y a-t-il une seule molécule de matière qui se perde dans l'Univers?

Enfin, outre ce *circulus* de la vie qui se remarque en toutes choses, n'y a-t-il pas aussi à invoquer la loi de solidarité en faveur de tous les membres de l'humanité? Chacun de nous sans doute sera ce qu'il s'est fait; mais est-ce que nous ne travaillons pas les uns pour les autres, et croyez-vous que je doive bénéficier seul de mes acquisitions physiques, intellectuelles et morales? Est-ce que je n'entends pas que mes proches, mes amis, mes concitoyens, et tous mes semblables en profitent aussi avec moi? Collaborateurs avec Dieu, nous le sommes par conséquent avec tous les êtres, car tous les rapports aboutissent à l'unité suprême pour s'y harmoniser. Mais c'est surtout pour ceux chez lesquels je me sens vivre que je travaille avec joie, et si, à mesure que j'agrandis la sphère de mon activité, de mon intelligence et de mon amour, je me sens relié *religieusement* d'abord à ma famille, puis à ma patrie, puis à mon humanité, et à tout ce qui vit ou a vécu sur la terre, est-ce que je sais seulement ce qui est à moi et ce qui est aux autres, alors que je n'ai rien pu faire seul et que les autres sont avec moi *comme les membres d'un même corps?* Qui peut dire ce que je dois à ceux qui m'ont précédé et dont les œuvres m'ont aidé à devenir ce que je suis? Et l'inspiration, quand elle souffle, d'où vient-elle? Et l'intuition du vrai, quand elle illumine mon esprit, à qui la dois-je? Enfin, ne m'est-il pas arrivé de m'enrichir des idées d'autrui et n'ai-je pas fait quelquefois l'ombre sur mon prochain en me plaçant devant son soleil? N'ai-je pas, moi qui aime tant la lumière, intercepté la lumière à d'autres plus petits que moi ou moins bien placés pour la recevoir? Ah! On ne se demande pas assez combien il a fallu de déshérités pour faire un riche! Et de même, combien de simples d'esprit sont sacrifiés tous les jours pour faire un habile homme, et combien de filles tombées meurent dans la boue du ruisseau afin qu'une courtisane plus rouée ou plus favorisée du sort devienne une grande dame, mariée, riche, recherchée dans le monde et fasse souche d'honnêtes gens.

Devant une répartition si inégale des biens et des maux, du mérite et du démérite, de la gloire et de la honte, quand nous voyons, d'une part, tant de gloires usurpées, d'autre part, tant de mérites méconnus et de hontes imméritées, et aussi tant de chutes inévitables imposées par le milieu, rendues irrémédiables par les difficultés de relèvement dans ce même milieu, si peu charitable, rappelons-nous pour la pratiquer cette parole des Ecritures : « Ne jugez pas si vous ne voulez être jugés! » Mais ce n'est pas assez de s'abstenir et de ne pas jeter la pierre qui nous sera renvoyée un jour, il faut faire un pas de plus, revêtir une vertu active et entrer véritablement dans la voie de la solidarité sociale, humanitaire, universelle. Pour cela, il faut renoncer à la pensée égoïste du salut individuel, être bien convaincus que nous ne pouvons *nous sauver* les uns sans les autres, et nous regardant tous comme les membres du même corps, il faut que chacun de nous, en travaillant à son propre agrandissement, à son amélioration personnelle, s'applique à faire participer les autres à tout ce qu'il aura acquis lui-même de moralité, de sensibilité, de connaissance et de bien-être! C'est ainsi que nous obtiendrons, non plus seulement l'immortalité de notre *moi*, mais la vie éternelle de notre humanité tout entière au sein de l'Unité divine.

———×———

III

LA RÉPUBLIQUE DES ÊTRES

CHAPITRE III

LA RÉPUBLIQUE DES ÊTRES

Ce qui précède établit indiscutablement que tout être est une autonomie, c'est-à-dire que chaque être porte sa loi en *soi* et obéit à sa propre nature; je ne puis concevoir l'ensemble des êtres autrement que comme une immense République. Cela n'est donné ni au panthéiste, qui absorbe tous les êtres particuliers dans *un* être universel, ni au déiste surnaturaliste, qui suppose *un* Dieu créateur extérieur au monde et d'une autre essence que les êtres qu'il a créés par sa seule volonté. Ayant posé la co-éternité du particulier et de l'universel dans tout ce qui est, l'indestructibilité de tout être et sa participation constante avec l'absolu en vue d'un agrandissement progressif et d'une finale universalisation, je n'ai plus que faire du dieu-monarque, et je construis ma cité céleste, comme ma cité terrestre, républicainement.

Ce n'est là que de la logique. Ce n'est pas encore de la science. La science positive m'apprendra si le fait est d'accord avec ma conception. J'interroge l'histoire naturelle et je n'y trouve rien qui ne soit la confirmation de ce point de vue. Partout je vois des êtres obéissant à leurs lois propres et dépendant, pour leurs rapports, de lois plus générales qui dérivent de la nature des choses et dont le libre jeu maintient l'ordre et aboutit à une universelle harmonie.

Je sais bien qu'on va m'objecter les séries et la hiérarchie. Et depuis quand l'organisation sériaire et hiérarchique des fonctions est-elle exclusive de la République? On parle d'inégalité. Mais, pour moi, il n'en est point de fondamentale. Il existe des inégalités de puissance, il n'en existe point de nature. Tous les êtres sont appelés; tous, tôt ou tard, seront élus, tous atteindront à la plénitude de l'existence, parce que, dans leur incessant devenir et grâce à la communion de tous dans l'Unité, ils ne peuvent rien perdre de ce qu'ils ont acquis et que, pour chacun d'eux, l'universalisation est la finalité suprême. Ainsi identité d'origine de tous les êtres et communauté de fin, quelle plus complète égalité peut-on rêver?

Mais, me dira-t-on, quelle espèce de république pouvez-vous voir entre la brebis et l'herbe qu'elle broute, entre l'agneau et le loup qui le dévore?

Je n'en vois aucune, en effet. Mais il ne faut point se faire illusion sur le sens du mot *république*. On doit se garder de le confondre avec le mot *société*. L'objection, posée comme il suit, serait plus justifiée : Quelle société y a-t-il entre le loup et l'agneau, etc. Hélas! il ne serait pas impossible d'en trouver d'assez semblables parmi les hommes. Mais ce ne serait là qu'une comparaison. Et je préfère signaler l'erreur de cet anthropomorphisme qui s'obstine à introduire, dans des rapports purement bestiaux, des qualités morales, qui ne sont propres qu'à l'humanité.

Le mot *république*, appliqué à l'ordre naturel, n'implique pas des rapports de société entre des êtres qui n'en sont pas susceptibles. Il ne faut point mettre sous ce mot un sens étroit et détourné du sens véritablement générique, ainsi qu'on le fait trop souvent, lorsqu'il s'agit du mot Dieu. Par république, on est disposé à entendre une *république humaine*, c'est-à-dire une organisation résultant de rapports sociaux. Rien de semblable dans le monde naturel. En dehors de l'humanité, la république des êtres ne peut nous fournir, ni justice, ni liberté morale, ni égalité, ni fraternité. Si ces principes se montrent parfois dans les sentiments spontanés des animaux les plus rapprochés de nous, ils n'y sont guère qu'à l'état d'ébauche.

L'ordre moral n'est pas leur œuvre. Cette œuvre est la nôtre, celle de l'être moral qui se possède et qui se réalise librement comme personne et comme humanité.

Le mot *république* pris dans son sens le plus général et le plus compréhensif représente l'idée d'une chose, qui est à tous (*res publica*), d'une vie publique ou générale, d'un intérêt collectif et commun. Idéalement, c'est le concours de chacun dans l'universel.

Il me suffit qu'il y ait une vie universelle constituée par toutes les vies particulières pour que je me trouve fondé à parler de l'univers vivant, comme d'une république. Mais lorsqu'on songe qu'avec cela, j'affirme l'autonomie de tous les êtres, leur *égalité devant la loi*, leur communauté d'origine et de fin, depuis l'état confus de non distinction, jusqu'à leur état de perfection ou de plénitude, tandis que je nie toute entité surnaturelle d'une essence spéciale, tout Dieu suprême, tout monarque, tout chef et même tout gérant, on m'obligerait de me dire si le monde peut représenter pour moi autre chose qu'une république et s'il m'est possible de l'appeler d'un autre nom, lorsque je veux exprimer, — non pas le mécanisme cosmique, — mais l'ensemble des êtres dans leurs rapports avec l'universelle Unité.

Nul ne saurait légitimement reprocher à ma conception d'être en désaccord avec mon langage.

A côté de la *République des Etres*, je vois le *grand atelier de l'Univers*. La première de ces appellations exprime l'*Ordre universel*, comme je le conçois en me plaçant au point de vue statique ; la seconde représente l'*œuvre universelle* et répond au point de vue dynamique de la création.

Au lieu d'inventer une création du monde faite une fois pour toutes — par un Dieu tout puissant, cause unique de tout ce qui est, — je contemple le spectacle tout autrement sublime d'une création incessante, sans commencement et sans fin, à laquelle concourent tous les êtres, proportionnellement à leurs forces et selon leur nature spécifique. J'étudie avec la science les parties de cette œuvre de coopération universelle, que je puis atteindre. J'y reconnais à la fois l'importance de chaque travailleur spécial et la grandeur de Dieu considéré comme l'œil du monde, où l'œuvre se réfléchit dans son unité et où il est donné à notre raison de la comprendre, à notre âme de la vouloir, de l'aimer et d'y faire concourir toutes les puissances dont elle dispose.

A quoi bon, dira-t-on, cette nouvelle théologie qui identifie l'ordre dans la république des êtres et assimile la nature à un immense atelier où le moindre des êtres est un travailleur utile, indispensable au grand œuvre de la création?

Quand cela ne servirait qu'à réconcilier la nature avec Dieu et à laver le *Créateur* de l'accusation d'injustice que fait peser sur lui le spectacle d'une inutile et universelle autophagie, le résultat ne serait déjà pas si mince; mais cette manière de comprendre la vie, qui est, du reste, celle de la science moderne, doit devenir la source de sentiments nouveaux vis-à-vis de nos frères inférieurs et de mobiles d'une grande importance pour le développement moral de chacun de nous. Ce n'est pas le lieu de s'y appesantir.

Peut-être ne serait-il pas inopportun de parler ici de notre méthode. Mais nous aimons mieux renvoyer le lecteur à l'ouvrage déjà publié. Nous nous contenterons de déclarer que la méthode que nous appelons *intégrale* et complète, diffère de celle qui règne à peu près exclusivement de nos jours dans les sciences, sous les noms de positive, expérimentale, etc., etc.

Ce n'est là que la moitié de la méthode. Elle diffère également de la méthode métaphysique ou *à priori*. C'est, d'ailleurs, celle-là que les Déistes d'école emploient exclusivement lorsqu'ils parlent de Dieu, ce qui fait qu'ils ne persuadent personne, et qu'ils restent sans action sur le courant intellectuel d'une époque qui ne croit qu'à la réalité.

Je crois que la véritable méthode intégrale s'appellera, un jour, la *Méthode*, tout court, la méthode par excellence. Il n'y en a pas deux. En attendant, comme elle a fourni à celui qui s'en sert un *critérium* de certitude et une *classification scientifique*, et comme ces choses-là ne courent pas les rues, je me crois autorisé à marquer deux bons points en sa faveur. Libre aux partisans des vieilles méthodes à lui en marquer deux mauvais, pour mon *Idée de Dieu* et ma *République des Etres*, qui sont deux idées corrélatives, ne pouvant passer l'une sans l'autre.

Quant aux sincères démocrates, qui en demeurent au Dieu individu, au monarque céleste, absolu et tout-puissant, et qui ne comprennent l'ordre universel que comme une monarchie; véritablement leur illogisme me confond. Et qui m'expliquera comment ces deux conceptions peuvent s'associer en leur cerveau : conception républicaine pour l'ordre politique, conception monarchique pour l'ordre moral et religieux ?

C'est que, voyez-vous, quel que soit l'élan de leurs aspirations, la moitié de leur âme appartient encore au Moyen-Age catholique, époque d'enfance de notre humanité. Emancipés dans l'ordre social, ils ne le sont point encore dans l'ordre religieux. Ils conçoivent l'équité, la liberté, l'égalité, la fraternité entre les hommes : ils ne les conçoivent pas dans leurs rapports avec Dieu, non pas qu'ils ne prêtent à leur Dieu ces attributs, avec une foule d'autres, comme la bonté, la justice, la sagesse, mais ils ne sauraient se retrouver dans leurs rapports réciproques, qui restent ceux du sujet avec son souverain, de l'effet avec la cause, de la créature avec son créateur, d'un être fini avec un être infini, de rien avec tout ! Aucun penseur, tant qu'il n'aura pas abandonné ce déisme stérile et enfantin, ne saurait tirer une idée vraiment religieuse de sa philosophie. Améliorer nos rapports avec Dieu, tel doit être l'objet de toute religion nouvelle. Or, il est facile de démontrer que le déisme spéculatif enseigné dans les milieux théologiques est inférieur, à ce point de vue, au Christianisme primitif, qui nous a donné non seulement le rapport du fils (lisez l'*humanité*) avec le père, mais la communion avec le père par le fils. Les déistes de cette école se croient plus raisonnables que les chrétiens, c'est possible, mais ce qu'il y a de certain, c'est qu'ils sont beaucoup moins religieux.

Au moins, quand le Moyen-Age concevait le monde comme une monarchie, il s'appliquait à réaliser son idéal sur la terre. Et il y réussissait! Quelle plus splendide conception d'une monarchie que cette Eglise catholique, dont les assises reposent sur l'Enfer éternel et dont la tête céleste n'est autre que Dieu lui-même, Père, Fils et Saint-Esprit, assis sur un trône immuable et entouré de toutes les gloires et de tous les saints, de toutes les puissances et de tous les élus qui chantent éternellement les louanges du Très-Haut! Les empires de Charlemagne, de Hugues Capet, de Barberousse, de Louis XIV, et plus récemment de Napoléon, ne sont que des imitations, plus ou moins fidèles selon les milieux, de cet idéal divin. Tout cela, du reste, était logique. Le catholicisme et le Moyen-

Age ne compr naient l'unité qu'en la personnifiant et la superposant aux choses, soit de l'ordre naturel, soit de l'ordre social. Les physiciens étaient d'accord sur ce point avec les théologiens et avec les mystiques. Paracelse ne parle pas autrement que Dante ou Thomas d'Aquin. Ecoutez-les : Tous veulent *construire leur monarchie.* Ils ne comprennent pas qu'une synthèse, qu'elle embrasse nos rapports avec la nature, avec Dieu ou avec nos semblables, puisse être autre chose qu'une monarchie, c'est-à-dire une immense pyramide de degrés superposés dans un ordre immobile dont les bases sont formées par les foules (les êtres inférieurs, les peuples, les réprouvés, tout cela innombrables) et dont le sommet couronné se personnifie dans une volonté souveraine et toute-puissante.

Tout cela fut grand, sans doute. Mais tout cela me semble avoir fait son temps. Que les partisans du passé s'y complaisent; que les ignorants s'y obstinent, on le comprend; mais que des philosophes, des libres-penseurs, qui se font les guides et les initiateurs du progrès social s'y attardent encore, c'est fâcheux.

IV

POURQUOI DIEU ?

CHAPITRE IV

POURQUOI DIEU?

I. — Bien des gens se demandent et l'on nous a souvent demandé : « Pourquoi se donner tant de peine pour connaître Dieu? Il est ou il n'est pas, disent-ils. S'il n'est pas, c'est du temps perdu que s'en occuper, et s'il est, que peut-il demander de chacun de nous, si ce n'est que nous jouissions de la vie qu'il nous a donnée, en respectant, autant que possible, les lois de la morale. »

— O troupeaux d'Epicure, vous êtes toujours les mêmes! Jouir de la vie sans en connaître *le but*, *le pourquoi*, *le comment*, et respecter des lois morales dépourvues de sanction! C'est commode, en effet, et, sans le Code pénal, on en verrait de belles.

— Il y a cependant des honnêtes gens...

— Il y en a. Mais combien le sont à la façon du père américain disant à son fils, en le lançant dans le monde : « Va, mon fils, gagne de l'argent, honnêtement si tu peux, mais gagne de l'argent. » S'enrichir, tel est le but qu'ils donnent à la vie :

S'enrichir et s'amuser! Croyez-vous que ce soit avec ces deux uniques préoccupations que les sociétés se maintiennent et *s'humanisent?* Toutes celles du passé, quand elles n'ont pas été détruites par la guerre, se sont éteintes sous les corruptions et les iniquités qu'engendrent le luxe et la richesse. Les divisions entre les classes y ont été pour beaucoup, et ces divisions ne viennent jamais que de l'égoïsme des riches et de l'envie des pauvres. Aux uns rien, aux autres tout, comment le lien social résisterait-il? Nous en sommes là, non seulement en France, mais dans toute la chrétienté. Et le mal va toujours croissant. La guerre civile est partout menaçante au sein des Etats, et la guerre entre les nations ne l'est pas moins. Tous les peuples d'Europe voient leurs finances écrasées par leurs formidables armements.

— Quel rapport a tout cela avec la question de Dieu?

— Ah! voici. C'est que Dieu, le vrai, celui qui est à la fois *la réalité* par excellence et *l'idéal* de toute perfection, est en même temps la source de toute solidarité, le lien invisible qui unit tous les êtres, la clef de voûte du cosmos éternel et la condition indispensable de tout ordre social. C'est pourquoi le problème du Divin domine et contient tout le problème de l'existence; de sorte que s'il était résolu, ce problème, et s'il vous était donné de connaître Dieu, non pas certes dans son *ipséité* complète — ce qui n'appartient qu'à l'être parfait (ou à la raison humaine arrivée par un long et laborieux *devenir,* à travers bien des vies renaissantes, à l'équation du savoir et de l'Etre dans l'Infini), — vous auriez en vous, comme s'exprime Jésus dans le quatrième Evangile, « *le chemin, la vérité, la vie* », et vous pourriez travailler *sciemment* à la construction du *corps de l'humanité* et à l'établissement du *règne de Dieu* sur la terre. — Ce qui est, avec la conquête de la perfection par le travail personnel et quotidien au sein de la grande harmonie des choses, la part de collaboration que nous avons tous à accomplir dans l'œuvre de la création éternelle.

Il est certain que cette façon de comprendre Dieu ne ressemble guère à ce qu'on vous en a appris. Ce n'est là ni le Dieu du catéchisme ni celui du *scientisme mécaniciste.* C'est en vain que vous interrogeriez ce Dieu solitaire avec lequel vous n'avez aucun rapport et qui ne remplit aucune fonction utile dans le monde depuis qu'il l'a créé, un beau jour, de ses mains, on n'a jamais su pourquoi...

Sachez-le, cependant. Il nous faut sortir du règne de *l'individualisme* qui, en l'absence de tout contre-poids *universaliste* et de tout lien religieux, menace l'existence même du corps social et peut retarder indéfiniment l'évolution des rapports humains vers une solidarité qui doit en embrasser tous les membres. Les phases de *l'individualisme* ont eu leur raison d'être dans la vie des sociétés. Elles répondent aux âges d'enfance de l'homme et de l'humanité. Il fallait d'abord que la molécule élémentaire eût le temps de se constituer pour les luttes de l'existence et de s'établir fortement au sein de la famille, de la cité, de la nation. Mais l'individualisme tout seul, c'est l'égoïsme, c'est-à-dire le pire de tous les vices et le plus dangereux. Installé dans le cercle étroit de la famille, il peut la détruire si chaque individu en sacrifie les membres à lui-même ; mais il peut aussi y créer l'égoïsme familial qui, pour être moins odieux que l'égoïsme individuel, n'en est pas moins dangereux pour la vie des sociétés. Les loups pratiquent assez ce genre de *familisme*. Le mâle va ravager le pays pour apporter la proie quotidienne à ses petits et à leur mère qui les garde. Les sauvages font comme les loups, les barbares à peu près de même, et les civilisés, quand ils sont trop pauvres pour s'acheter du pain, et manquent de travail pour en gagner, n'agiraient pas autrement, s'il n'y avait un pouvoir central représentant toute la collectivité sociale assez puissant pour les en empêcher, ou, ce qui vaudrait mieux, pour empêcher l'égoïsme individuel ou familial d'absorber la sphère d'activité d'autrui et d'accaparer les richesses sociales du corps, de l'esprit et de l'âme, au profit de quelques individus ou de quelques familles privilégiées.....

On ne peut se le dissimuler, l'état de crise que nous traversons, à peu près commun d'ailleurs à toute la civilisation chrétienne, marque le passage de l'état d'insolidarité sociale à celui d'une solidarité qui, en attendant qu'elle puisse s'étendre à tous les membres de l'humanité, doit embrasser, dans ses liens, la nation tout entière. C'est la solidarité nationale destinée à préparer cette solidarité plus grande et plus religieuse qui, en reliant toutes les nations, constituera, dans son unité, le grand organisme humanitaire. Eh bien! ce passage, cette transition de *l'individualisme au so-*

cialisme (car il faut bien appeler les choses par leur nom), ne peut se faire que sous l'inspiration, sous l'impulsion et à la lumière d'une conception générale, qui en expliquant la fonction divine et le but de la vie, nous instruise de notre rôle dans le monde, de notre destinée personnelle et collective, et nous édifie (autrement et mieux qu'on ne l'a fait jusqu'ici avec les conceptions antérieures), sur nos devoirs envers nous-mêmes, envers nos semblables, envers la planète qui nous fournit notre corps terrestre et nous nourrit de sa substance, envers ses habitants de l'animalité, nos frères inférieurs, et aspirant tous à monter plus haut, derrière nous, sur l'échelle de la vie éternelle et enfin vers Dieu, dont nous sommes les collaborateurs, conscients ou inconscients, toutes les fois que nous faisons notre tâche dans le grand atelier de l'Univers, mais que nous servirions avec plus de joie et d'efficacité, si nous en savions davantage sur le but à atteindre, la voie à suivre et l'importance de l'œuvre que nous devons accomplir durant notre trajectoire terrestre.

Voilà pourquoi nous avons passé notre vie à la recherche de Dieu, et pourquoi, en ayant retrouvé la vraie notion, nous consacrons ce qui nous reste de force à le faire connaître aux autres qui ne nous écoutent guère. C'est pourtant là qu'est le salut pour tous, par la conciliation des cœurs, le progrès solidaire et la justice sociale.

LA RAISON, C'EST DIEU

II. — « L'homme s'agite et Dieu le mène ». Je n'aime pas ce mot de Fénelon systématisé par Bossuet et appliqué par lui à l'histoire (dans son *Discours sur l'histoire universelle*) et au gouvernement des Etats (dans sa *Politique tirée de l'Ecriture sainte*). C'est le côté fataliste et oriental du christianisme, et ce n'est pas son meilleur côté. Heureusement il en a un autre, qui a souvent neutralisé celui-là et finira par le détruire, c'est l'affirmation du *libre arbitre* ou la faculté que possède l'être conscient de se déterminer librement pour le bien ou pour le mal.

Non, il n'est pas vrai que l'homme soit comme un pantin aux mains d'un Dieu tout-puissant qui tire la ficelle. Il n'est pas vrai qu'il s'agite sans savoir où il va. Il sait ce qu'il veut et il va où il veut aller toutes les fois qu'étant dans le vrai, il reste dans l'harmonie, et qu'en faisant tout ce qu'il peut, *donnant tout ce qu'il doit*, il respecte les droits d'autrui, ainsi que les lois de la nature et ne dépasse pas la limite de ses propres puissances.

Non, il ne faut pas dire que l'homme s'agite vainement et que la puissance qui le fait se mouvoir lui est extérieure. L'homme porte en lui son principe de mouvement. C'est une volonté libre, souveraine et consciente.

— Eh! quoi, n'est-ce pas Dieu qui mène le monde, et vais-je nier sa providence?

Ce qui mène le monde, c'est la RAISON. Et si vous dites avec moi que la Raison est Dieu, ou que Dieu c'est la Raison même, la Raison suprême, complète, parfaite, universelle, oh! alors nous sommes d'accord. Nous le sommes même avec Fénelon, lorsqu'il s'écrie dans un moment de lucidité plus grande: « O Raison, n'es-tu pas le Dieu que je cherche. » Ce jour-là, il l'avait trouvé. On trouve toujours Dieu, quand on le cherche de bonne foi — lui est-il toujours resté fidèle?...

Mais voyez ce qu'on gagne à définir les mots. Ayant défini Dieu par la Raison ou plutôt ayant identifié l'idée de Dieu avec la Raison élevée à la plus haute puissance et prise dans sa perfection pleine et entière, nous arrivons bien vite à nous comprendre, vous et moi, et peut-être à nous trouver d'accord, même si, comme Fénelon, vous êtes chrétien et catholique, même si, comme la plupart de vos contemporains élevés au collège ou au séminaire, vous êtes devenu positiviste et athée.

Dans le premier cas, je vous rappellerai que, selon l'évangile de saint Jean, la Raison est « cette lumière avec laquelle tout homme vient en ce monde » et que l'homme étant une raison consciente ne s'agite pas en vain, tant qu'il fait usage de sa raison, mais qu'il sait où il va, tant qu'il ne l'a pas faussée, obscurcie ou perdue. Et cela parce que sa raison est une étincelle de la Raison divine, que si elle est relative tant qu'elle s'exerce dans le temps, elle peut se rectifier, en s'abreuvant par la science et la réflexion dans l'absolu de la Raison pure; enfin que « l'Ame humaine faite à l'image de Dieu » est toujours à même, quand elle se possède, dans sa liberté, de communier avec le Verbe, le *Logos,* avec le foyer divin, dont elle est une étincelle, et qu'elle ira rejoindre un jour, lorsqu'elle aura réalisé la vie parfaite.

Et ceci est la vraie doctrine chrétienne, que le pape le veuille ou non!

Dans le second cas, celui où vous seriez, lecteur, quelque chose comme positiviste ou athée, je me contenterais de vous dire que, en reconnaissant avec la science qu'il y a de l'ordre dans l'univers, que tout y est soumis à des lois, et que ces lois révèlent à votre propre raison la logique des choses, vous avez reconnu que c'est la Raison qui mène le monde. Or, le propre de la Raison est de se connaître, de se réfléchir, de se posséder. Mais, dites-vous, cette raison des choses est inhérente aux choses, et nous ne la constatons que par l'étude des rapports. Elle n'est pas en dehors des êtres et des choses. Elle n'est pas extérieure au monde. Soit ! Elle ne l'est pas plus que la vôtre n'est extérieure à votre être. La raison suprême n'est pas en dehors de l'existence suprême et universelle. Le Moi conscient de l'Univers n'est pas plus séparé de l'Univers que votre Moi conscient n'est séparé de votre organisme ; ce qui n'empêche pas qu'il s'en distingue comme vous vous distinguez de tous vos organes et persiste, lui aussi, au milieu du flux incessant des formes qui le manifestent.

D'ailleurs, peu importe ! Je fais volontiers le sacrifice de tous ces raisonnements, si vous ne les acceptez point, et je me contente de ceci : Voulez-vous, oui ou non, respecter les lois de la nature et obéir aux prescriptions de la Raison ? Oui, n'est-ce pas ?

Eh! bien, vous avez confessé mon Dieu. Obéir à Dieu, obéir à la Raison, c'est absolument la même chose.

Mais que dire alors à ceux qui, au nom de Dieu, combattent la Raison, en interdisent l'exercice aux troupeaux humains, mettent la lumière sous le boisseau et s'appliquent ainsi à détruire dans l'âme humaine l'étincelle du foyer divin? Oui, que dire à ceux-là, quand il n'y a point avec eux de rapports intellectuels possibles? En effet, quelle communication spirituelle à établir entre les hommes, sans le *verbe*, qui est la *Raison divine* incarnée dans l'humanité? On ne peut leur dire qu'une chose, celle que Jésus leur a dite, il y a déjà bien longtemps : c'est qu'ils se sont rendus coupables du péché contre le Saint-Esprit et que « C'EST LE SEUL CRIME QUI NE PUISSE PAS ÊTRE PARDONNÉ ! »

III. — L'idée de Dieu est l'idée la plus nécessaire, parce qu'elle est la plus générale. Comme elle enveloppe tous nos rapports, il n'est rien en nous qui ne s'y rattache. Le progrès moral de chacun de nous y est intéressé; l'avenir politique et social de l'humanité en dépend.

Cette vérité est généralement méconnue de nos jours. Le plus grand nombre professe une parfaite indifférence sur la question et il s'est formé une école qui a systématisé cette indifférence. On sait que les positivistes enseignent que l'idée de Dieu, ne représentant aucune idée objective, est inutile à la science comme à la conduite de la vie, et qu'il n'y a pas à s'en occuper.

Nous croyons cette manière de voir superficielle et erronée. Ceux-là se font illusion qui croient pouvoir se passer d'une vue d'ensemble sur le monde et sur les rapports que nous avons avec tout ce qui est. Cette vue est plus ou moins vague, plus ou moins exacte; mais nous l'avons toujours. Et cela, par la grande raison que tout se tient dans le monde et que le monde ne se réfléchit dans notre esprit qu'à l'état d'idée. Or, l'idée n'est lumineuse et intelligible pour l'entendement qu'à la condition d'être *une*, comme la lumière.

C'est en vain que quelques savants spécialistes ont cru pouvoir se dispenser d'achever le cercle qui part du moi et y retourne après avoir embrassé le tout (1). On ne peut séparer le sujet sentant et

(1) Il ne s'agit pas ici, bien entendu, d'une totalité réelle, mais d'une vue idéale de l'ensemble. Quant au tout univer-

pensant de l'objet senti et pensé. Qu'on parte de l'être ou de la molécule, on trouve toujours le concept *un* d'un groupe de phénomènes (donc *multiples*), et quelle que soit l'élévation que l'on atteigne en allant de rapports en rapports et de lois en lois, qu'on connaisse les faits ou qu'on les suppose, qu'on fasse de l'observation ou de l'hypothèse, qu'on soit dans la science ou dans la croyance, il faut toujours aboutir à l'unité. Ce qui revient à dire en termes plus simples qu'il est impossible à l'être doué de conscience et de raison de ne pas se faire une idée quelconque de ce qui est et de ne pas s'y comprendre.

On nous accordera facilement cela lorsqu'il s'agit de l'univers physique. Il n'est pas un savant qui, de nos jours, et sans avoir besoin d'être philosophe, ne reconnaisse la nécessité de cet acte de foi, point de départ de toute connaissance et condition essentielle de la réalité de la science : *Il y a de l'ordre dans le monde.* Mais cette unité que l'on affirme dans le *cosmos*, on hésite à l'admettre

---

sel, comment le connaîtrions-nous jamais alors que la création est éternelle et infinie? Nous ne connaissons absolument aucune totalité. Qui peut dire où commence tel être et où il finit?

dans l'ordre intellectuel et moral. Elle n'est cependant ni moins frappante ni moins nécessaire, et on s'étonnera un jour que parmi nos contemporains tant de bons esprits l'aient méconnue.

Il y a là une inintelligence des choses qui ne peut s'expliquer que par l'état de colère ou de sourde rancune où se trouvent les générations fraîchement émancipées du joug théocratique. La réaction va alors jusqu'à l'injustice, et se prend à tout, même à Dieu, dont on confond la cause avec celle des prêtres qui en ont exploité le nom.

Ajoutons que de nos jours l'absence d'éducation philosophique fait méconnaître singulièrement la valeur des termes qui expriment les grandes généralités. Combien y a-t-il de gens, même parmi les lettrés, qui songent par exemple à distinguer *la religion*, conçue dans ses caractères permanents et inaltérables, de telle ou telle religion plus ou moins répandue, plus ou moins qualifiée, plus ou moins triomphante, mais toujours nécessairement transitoire parce qu'elle est afférente à telle phase de la vie de l'humanité et propre à telles races ou à telles familles de peuples !

Est-il donc plus difficile de distinguer *la religion*,

dans son essence, des formes religieuses qu'elle peut revêtir, que de distinguer *la société* en général des sociétés particulières qui existent ou ont existé dans le monde, et qui sont les formes sociales que l'humanité a revêtues depuis l'origine pour manifester ses *divers états?*

L'un, sans doute, n'est pas plus difficile que l'autre pour les personnes qui savent généraliser. Mais l'esprit, comme le cœur, ne s'élève que par gradation aux généralités, en allant de la plus étroite à la plus large. Quand il y a tant de gens, instruits fort chrétiennement, dont le sentiment ne dépasse pas la sphère de leur propre individualité, ou va tout au plus jusqu'à la famille, comment demander aux foules, encore païennes, de s'élever jusqu'à la conception religieuse de la communion universelle?

Puis il est une chose que la plupart paraissent ignorer, sans doute parce que les grammaires et les dictionnaires ne la leur ont pas apprise, c'est que les mots marchent avec les idées qu'ils contiennent et que le terme le plus général et le plus compréhensible doit être le plus mal compris, parce qu'il est en même temps celui qui a revêtu le plus de sens divers en passant à travers les phases si nombreuses du développement moral de l'humanité.

Quand on voit le mot *Dieu* revêtir dans l'histoire des hommes tant d'acceptions différentes, comment s'étonner qu'ils ne s'entendent plus en le prononçant ? Quelle distance n'y a-t-il pas du fétichisme du sauvage au polythéisme des Athéniens du temps de Sophocle ou d'Euripide, et du monothéisme de Samuel à celui de Philon ou de Jésus ! Et même, sans interroger l'histoire, et en se bornant à regarder chez nos contemporains et tout près de nous, quelle différence n'y a-t-il pas entre le christianisme fétichiste de cette cuisinière qui s'assure à *Notre-Dame des Victoires* contre la casse de sa vaisselle — superstition bien innocente ! — et le christianisme épuré d'un Coquerel ou d'un Martin Paschoud !

Et cependant l'idée de Dieu peut et doit devenir la plus claire, la plus lumineuse de toutes les idées, après en avoir paru longtemps la plus indistincte, la plus vague, la plus obscure. Il suffira pour cela de traiter l'idée de Dieu comme toute autre idée et de n'y rien admettre qui soit contradictoire à la raison.

Notez qu'il ne s'agit pas de déterminer, comme

dans les théologies qui procèdent d'une révélation ou d'une autorité extérieure à la science humaine, ce que Dieu est en *soi* et ce qu'a décidé *sa* providence, mais seulement de savoir ce que Dieu est pour notre entendement, ou, en d'autres termes, quelle est l'idée que nous nous faisons de Dieu.

Eh bien ! j'affirme que tous les hommes qui sont arrivés au même degré de développement moral et intellectuel auront la même religion le jour où chacun d'eux aura dépouillé de toute contradiction logique l'idée qu'il se fait de Dieu.

C'est là surtout l'œuvre que nous avons à accomplir et à laquelle nous convions les lecteurs de ce livre.

DIEU LOI-VIVANTE

IV. — Le mot Dieu, à cause des fausses notions qui l'obscurcissent et parce qu'il est de nos jours généralement mal compris, est devenu un obstacle à l'explication du problème qu'il représente. On doit savoir maintenant, si nous nous sommes bien fait comprendre, que le problème de Dieu n'est autre que le problème de l'existence et embrasse, par conséquent, l'ensemble de nos rapports avec tout ce qui est.

Il y a donc une science de Dieu. Cependant nous ne voudrions pas qualifier cette science par le mot *théologie*, mot justement discrédité à cause des vaines paroles qu'on a accumulées sous cette étiquette, mais nous aimons la nommer *théonomie*, parce que Dieu conçu comme *Unité universelle* et *Raison consciente* de l'Univers, est la Loi par excellence, celle qui les contient toutes dans une synthèse suprême, et que, d'ailleurs, toute loi de la nature et du Cosmos, comme tout principe de la Raison et de la Conscience, est une émanation de la Raison divine et sa réalisation dans les choses.

La *théonomie* ou Science des lois divines et, par conséquent, étude de nos rapports avec Dieu, devant donner la solution du problème de l'existence, doit nous fournir la réponse à ces questions posées à l'esprit humain depuis qu'il y a sur la terre des hommes qui raisonnent : « Que sommes-nous? D'où venons-nous? Où allons-nous? Pourquoi la vie et quel est son but? Pourquoi la mort et qu'y a-t-il derrière ses ténèbres? Pourquoi le mal, la lutte, la souffrance et pourquoi pas le bien, le repos et le bonheur? »

Toutes ces questions et bien d'autres, qui intéressent l'être moral et social, comme individu et comme humanité, se rattachent à la grande question de Dieu ou de l'existence universelle, et l'interprétation qu'on peut proposer sur chacune d'elles se ressent toujours de la solution donnée à l'éternel problème. « Il n'y a presque point d'action humaine, dit fort bien A. de Tocqueville, quelque particulière qu'on la suppose, qui ne prenne naissance dans une idée très générale que les hommes ont conçue de Dieu, de ses rapports avec le genre humain, de la nature de leur âme et de leurs semblables. L'on ne saurait faire que ces idées ne soient pas la source commune d'où tout le reste découle. »

Voilà qui est vrai sans doute, lorsque les hommes font de Dieu ou la cause première, ou la clef de voûte de l'Univers et la condition d'une solidarité universelle, mais on n'en est plus là, chez nous, de nos jours.

Après avoir mis Dieu hors du monde, du cosmos, où il est agréablement remplacé par la mécanique céleste qui va toute seule, grâce à la théorie de la gravitation universelle; après l'avoir exclu du domaine de la vie, soumise uniquement à la doctrine de l'évolution transformiste et au fatalisme de la lutte pour l'existence et l'avoir remplacé par la nature inconsciente ; enfin, après l'avoir chassé du domaine de la science, sous prétexte que si Dieu est autre chose qu'une vaine abstraction, il est, en tout cas, *incognoscible*, on est arrivé naturellement à cette conclusion : que la science ne devant traiter que du réel et du connaissable, elle n'a pas à s'en occuper.

Et, en effet, qu'est-ce qui s'occupe de Dieu parmi nos hommes de science et même parmi nos philosophes? Qu'est-ce qui cherche la vérité sur ce point, comme on fait pour les autres questions, même les moins importantes, d'ordre physique et naturel ou d'ordre moral et social? Y a-t-il une classe de l'Institut qui réponde à l'étude du Divin, et parmi les nombreuses questions mises tous les ans au concours, s'en trouve-t-il jamais une qui s'y rattache? Enseigne-t-on Dieu dans les écoles laïques et dans les collèges? En est-il seulement question dans ces manuels pour le baccalauréat, chaos indigeste d'événements, de chiffres, de dates, de formules et de notions de toute sorte qu'on fait entrer pêle-mêle dans la mémoire de nos jeunes gens des classes riches ou aisées, comme une condition nécessaire à l'exercice d'un mandarinat quelconque? — Non, il n'est plus parlé de Dieu aux enfants, après leur catéchisme, comme s'il était convenu tacitement et d'un commun accord, parmi les maîtres de l'enseignement, que s'il faut un Dieu, pour le peuple, pour les enfants (et sans doute aussi pour les femmes, tant qu'elles ne seront pas assez *émancipées* pour s'en passer), les hommes éclairés, les hommes raisonnables n'en ont pas besoin.

Il n'est que trop vrai, du reste, que le Dieu du catéchisme, enveloppé, comme l'enfant dans ses langes, de dogmes obscurs dont l'Eglise n'a su donner que des interprétations irrationnelles ou puériles, ne peut être accepté que par des intelligences encore dans l'enfance. Mais il y a encore tant d'hommes enfants dans les masses profondes et l'ignorance y est si épaisse, que le Dieu du catéchisme n'en est pas moins le seul Dieu que connaissent nos populations illettrées. Et combien de gens, qui ne manquent pas d'instruction, n'en connaissent point d'autre. Or, ceux qui ne connaissent d'autre Dieu que celui de leur catéchisme ressemblent à un homme qui, devenu grand et fort, aurait continué à porter ses habits, ses vêtements de première communion. Il s'y trouverait, je crois, très mal à l'aise et ne tarderait pas à en faire craquer toutes les coutures et à le mettre en pièces.

C'est aussi ce qui arrive à tous les laïques pour l'enseignement du catéchisme (je ne parle pas des ecclésiastiques ; ils ont la *grâce d'état*, grâce à l'entraînement qu'on leur fait subir au séminaire). A moins de vivre dans un désert, ou dans un couvent, ce qui est bien pire, les enfants, les *adolescents*, en *devenant des hommes* et à mesure qu'ils marchent dans la vie, ne tardent pas à se défaire au frottement du monde, des leçons qu'ils ont reçues sous le couvert de l'Église.

Et c'est bien ce qu'ils ont de mieux à faire, car, non seulement ce qu'ils ont appris de Dieu, de sa nature et de ses œuvres, comme ce qu'ils y ont trouvé sur la création et le péché originel, sur l'histoire du monde et de l'humanité, ne peut leur servir à rien pour la solution des grands problèmes de l'existence et pour l'explication de leurs rapports avec l'ensemble des choses, mais ils ne feraient, s'ils le conservaient dans l'esprit, que rendre leur entendement inapte à recueillir les enseignements les plus nécessaires de la science. On ne peut raisonner sainement sur nos relations avec les êtres et les choses, quand on a dans l'âme une foi religieuse contraire aux règles les plus simples de la logique, du bon sens et de la raison. Quand on croit, par exemple, que le monde a été créé de rien, en six jours, il y a six ou sept mille ans, qu'il l'a été par un Dieu bon et juste qui a chassé le premier couple humain du Paradis terrestre parce que ces deux êtres se sont unis charnellement par l'amour, ou figurativement se sont partagé le fruit d'un arbre auquel Dieu leur avait défendu de toucher. Il est vrai que ce Dieu, tout-puissant, a voulu que ce premier péché fût commis pour envoyer son fils se faire crucifier sur la terre afin de racheter le genre humain qui, tout entier, avait péché en Adam et devait être sauvé par Christ. Cependant les hommes, sauvés tous en bloc par le sang du Christ, continuent à se damner par leurs péchés, et l'enfer, un enfer éternel, est toujours ouvert sous leurs pas ; mais l'Église a reçu de Jésus-Christ et transmet à ses prêtres le pouvoir de remettre les péchés, et, à côté de l'enfer éternel, on a imaginé un *purgatoire*, où les pécheurs sont également brûlés et torturés, mais d'où les âmes peuvent être tirées par les prières, les messes et l'intervention des ministres *du Seigneur*. Voilà, on en conviendra, un Dieu bien fantasque et qui, à part sa pauvre logique, ne peut être donné comme un idéal de bonté et de justice. Quel père voudrait traiter ainsi ses enfants et quel tyran ses sujets!

Et comment le définit-on ce Dieu ; quelle est sa nature? Voici : — Il n'y a qu'un seul Dieu, mais il y a trois personnes en Dieu, le Père, le Fils et le Saint-Esprit. Le Père est Dieu, le Fils est Dieu, le Saint-Esprit est Dieu. On appelle cette vérité le mystère de la très sainte Trinité, et qu'entend-on par le mot *mystère* ? » — « On entend par le mot *mystère,* répond le catéchisme, une de ces vérités de notre religion que l'on ne peut pas comprendre parfaitement. » *Parfaitement* est de trop. Ce mystère de *la trinité* de trois personnes qui, réunies, ne forment qu'une seule personnalité divine est assez difficile à avaler. Celui de *l'Incarnation* ne l'est pas moins ; celui de la *Rédemption* l'est encore plus, si toutefois il peut y avoir du plus et du moins dans l'absurde. Mais le sacrement du *Baptême,* où le péché originel est effacé par un peu d'eau et sans lequel nul ne peut être sauvé, et celui de *l'Eucharistie,* avec le sacrifice de la Messe, sont des combles. Voici ce qu'on enseigne aux enfants sur l'Eucharistie : « L'Eucharistie est un sacrement *qui contient réellement et en vérité* le corps, le sang, l'âme et la divinité de Notre Seigneur J.-C. sous les espèces et apparences du pain et du vin... Il n'y a véritablement ni pain ni vin dans l'Eucharistie, quoique les apparences du pain et du vin restent les mêmes qu'auparavant. Que deviennent le pain et le vin, demande le catéchisme, et l'enfant doit répondre : Le pain et le vin sont changés en corps et en sang de Jésus-Christ. — D. Quand se fait ce changement ? — R. Ce changement se fait pendant le saint sacrifice de la messe, à la consécration. Après la consécration, il y a sous chaque espèce J.-C. tout entier, son corps, son âme, son sang et sa divinité. Il en est ainsi dans toutes les hosties consacrées, etc. De sorte que chaque chrétien mange son Dieu matériellement, corporellement, comme aussi chaque fois qu'un prêtre célèbre la messe, la seconde personne divine est immolée aussi réellement qu'elle le fut sur la croix du Golgotha. Ces traits rappelés aux mémoires suffisent. Il y en a bien d'autres de cette force.

Toutes ces choses qu'il faut croire pour être sauvé seraient peut-être très jolies si l'Eglise consentait à les présenter comme des mythes, des symboles, dont elle s'appliquerait à expliquer le sens spirituel et la raison d'être, mais non, elle veut qu'elles soient prises dans le sens matériel et grossier, qui est celui de la lettre qui tue, comme dit l'Evangile! Il lui faut la foi aveugle et simple du petit enfant qui écoute bouche bée les contes que lui fait sa nourrice. D'ailleurs, ce fut toujours le caractère du sacerdoce de s'appliquer à entretenir l'ignorance et à prolonger l'âge d'enfance des races humaines. Mais au moins les anciennes théocraties avaient su garder pour elles les vérités qu'elles cachaient au peuple sous des fables, dont l'explication était donnée à ceux qui étaient en état de la recevoir. Il n'en a pas été de même du sacerdoce chrétien. Pour avoir voulu cacher la vérité sous d'obscurs symboles, les successeurs des apôtres en ont déshérité à la fois le monde et l'Eglise. Ayant mis la lumière sous le boisseau, la lumière, faute d'air comburant, s'y est éteinte, sans qu'ils puissent la rallumer, car ils ont perdu la clef des mystères.

Alors, c'est le boisseau qu'on s'est mis à adorer, je veux dire la fable, la forme, l'écorce qui enveloppait l'idée, le noyau, la véritable nourriture spirituelle. Et c'est là le danger des religions mythologiques! Vous croyez qu'il n'y a plus rien eu sous le boisseau depuis que la lumière s'y est éteinte? Vous vous trompez, il y á eu le *mystère*. « Nous allons, s'est-on dit, remplacer la *lumière de la science* par le *mystère de la foi*, en enseignant, sans les expliquer, des dogmes que l'on trouvera d'autant plus divins qu'ils seront plus obscurs et inexplicables. Explique-t-on le miracle? Nous venons du miracle, nous marcherons dans la voie du miracle et nous dominerons le monde... »

Ils ne se trompaient pas ceux qui raisonnaient ainsi et connaissaient bien la portée d'esprit des troupeaux humains « qu'ils avaient à paître ». A force de peines et d'efforts, de beaucoup d'habileté et de quelques vertus, en donnant volontiers le sang de leurs saints, de leurs martyrs, en témoignage, et versant à flots celui de leurs contradicteurs, les prétendus disciples du Christ se sont faits, durant de longs siècles, les initiateurs des peuples, les conseillers des rois et les interprètes des volontés célestes. En prouvant le miracle de leur mission par *la folie de la croix* (saint Paul) et la folie de la croix par la nécessité de la foi, une foi miraculeuse donnée par la grâce divine, ils ont exigé de cette foi qu'elle fût aveugle et sourde et muette au besoin, — car elle ne doit rien voir, rien entendre, rien penser, rien professer surtout, en opposition à ce que croit l'Église ! — L'Église catholique, avec ses prétentions à l'universalité, a fait peser sur les consciences le joug le plus lourd et le plus abrutissant qui se puisse concevoir. Ah ! s'il y a quelque chose de miraculeux dans tout ceci, c'est que la raison humaine ait pu, sans y succomber, subir, dès l'enfance, dans tout le monde chrétien, durant dix-huit siècles, les enseignements de l'Église, où l'absurde n'a pas cessé de s'accumuler sur l'absurde, depuis la Création et le Péché originel, depuis l'Incarnation du Dieu fait homme jusqu'à la Conception Immaculée et l'Infaillibilité pontificale. Oui, qu'une telle religion n'ait pas fait uniquement des fous et des idiots ; qu'elle ait suscité, au contraire, une civilisation supérieure aux civilisations précédentes et à toutes celles qui, venues d'autres sources, existent encore sur la terre : voilà non pas le miracle, car il n'y a jamais eu de miracle et il n'y en aura jamais, mais voilà le Divin, voilà la preuve de l'action divine dans les âmes et de la direction donnée à la marche de l'humanité vers une fin fixée par une raison éternelle, loi consciente de l'univers.

Nous expliquerons dans un autre travail cette apparente contradiction d'une religion insensée dans ses enseignements et ayant préparé cependant l'avènement d'une société nouvelle. Nous montrerons que sous des dogmes absurdes en apparence, on peut, à l'aide de la science ésotérique, mettre en lumière une grande et belle philosophie donnant des explications parfaitement rationnelles sur Dieu et le monde, sur l'âme humaine et sur l'âme divine, et nous dévoilerons la grande pensée, justement nommée *la Bonne Nouvelle* que la révélation chrétienne est venue apporter au monde.

Que si nous avons mis sous les yeux de nos lecteurs les insanités enseignées par l'Église romaine, qui sont, quoique à un degré moindre, celles des Églises plus ou moins réformées, nous ne voudrions pas qu'on crût que notre pensée ait été de jeter, après tant d'autres, de l'odieux et du ridicule sur les personnes, — nos frères et nos sœurs en humanité, — qui professent des croyances, dont nous avons le bonheur de nous être affranchi sans glisser dans l'irréligion, mais au contraire en nous sentant devenir de plus en plus religieux. Nous n'avons eu en vue rien de semblable. Mais nous avions besoin, pour établir la nécessité d'une transformation de l'idée de Dieu et d'une rénovation religieuse, de montrer qu'il n'y avait plus rien à faire de cet idéal arriéré, dont se sont contentés les âges d'enfance et de barbarie, et que, tant au point de vue de la religion qu'au point de vue de la philosophie et de la science, nous avons à dégager et à faire resplendir une conception toute nouvelle (et cependant vieille comme le monde), de l'Être parfait et de nos rapports.

V

FAUSSES NOTIONS SUR DIEU

CHAPITRE V

DIEU PRÉSENT PARTOUT

I. — Ils disent aux enfants dans leurs catéchismes : « Dieu est présent partout. » Le croient-ils ? S'ils le croyaient, songeant que Dieu lit dans leurs cœurs et voit leurs actes, voudraient-ils, comme ils le font sans cesse, affliger ses regards de tant de désirs coupables, de tant d'actions honteuses ?

Dieu présent partout, est-ce bien vrai, est-ce bien possible ?

S'il est partout, il est en moi, il est en vous, il est en chaque homme ? Qu'y fait-il ? Quel y est son rôle, sa fonction ? Est-il *mon* esprit, mon intelligence ? Mais cela, c'est encore mon *Moi*, c'est Moi connaissant, comprenant les choses ? Est-il ma volonté, est-ce lui qui « me mène pendant que je m'agite ? » Que suis-je alors dans ses mains, et pourquoi me mène-t-il si mal ? Non, non, c'est bien moi qui agis, et qui veux, et qui pense. Ce n'est pas Dieu, c'est bien Caïn qui a assassiné Abel son frère, et qui l'assassine encore tous les jours.

Cependant, si Dieu est partout, il est dans ce bœuf et ce mouton qu'on conduit à l'égorgeoir et dont tout à l'heure les chairs pantelantes vont orner l'étal du boucher ; il est dans cet insecte que j'écrase sans même m'en apercevoir ; il est dans cet arbre, dans ce brin d'herbe, dans cette pierre insensible, dans ce charbon inerte. Ainsi dans tous ces êtres, dans tous ces objets, il y aurait quelque chose qui ne serait ni ces êtres, ni ces objets? Est-ce admissible, et à quoi bon ? Ou bien ces êtres, ces objets ne seraient que de trompeuses apparences, leurs formes visibles et tangibles n'exprimeraient pas ce qui est ? La véritable réalité serait, non pas l'être distinct qui se fait connaître par les qualités qui lui appartiennent et les manifestations qui lui sont propres, mais une substance unique possédant toutes les qualités, toutes les formes possibles, et c'est cette susbtance divine qui serait la seule réalité ?

Mais pourquoi faire ainsi du monde visible une décevante illusion ? Et comment admettre que Dieu peut se donner à lui-même une aussi triste comédie ?

Qu'est-ce qu'un Dieu qui se tue, se dévore, se ressuscite, se transforme, s'aime et se hait, s'adore et s'offense, s'accouple et se féconde lui-même, se donnant le spectacle puéril et sauvage d'une création stérile et d'une douloureuse destruction, se faisant, se défaisant et se refaisant sans cesse sans pouvoir rien ajouter à sa grandeur qui remplit tout l'espace, à son éternité qui remplit tous les temps, à sa perfection qui est toujours infinie, complète, absolue !

Il est évident que devant un tel Dieu les êtres particuliers, dont l'ensemble innombrable constitue l'univers et dont je fais partie ne sauraient être réels. Ce ne sont plus que les formes toujours changeantes d'une substance de qui tout émane et en qui tout vient s'absorber. Il semble que devant une telle puissance et une telle immensité toute personnalité disparaisse et que mon Moi, comme tous les autres, doive être anéanti.

Il n'en est rien cependant. Je me lève devant ce Dieu que ma raison domine ; je me pose vis-à-vis de lui dans mon imprescriptible liberté. Je lui déclare que je suis parce que je me sens être, que je me vois agir et que je me sais vouloir, tandis que peut-être il ne saurait en dire autant. Je le traduis alors au tribunal de ma conscience. Je l'interroge, je le mets en contradiction avec lui-même, je le juge et je le condamne, le déclarant absurde, contradictoire, impossible ! Ayant ainsi fait justice d'un faux idéal et secoué les restes d'une foi éteinte, je m'écrie avec Bossuet : « O Raison, n'es-tu pas le Dieu que je cherche ? »

Je ne le cherche plus, je l'ai trouvé. Et comment ai-je pu le chercher si longtemps, alors que tout ce qui est raconte sa gloire et qu'en effet, il est présent partout ?

Mais, ô mon Dieu, puisqu'il m'a été donné de te comprendre, donne-moi donc la puissance de t'expliquer !

NOTRE IDÉE DE DIEU

II. — Nul sans doute ne m'attribuera l'intention de me poser en révélateur. Je ne sais rien de Dieu que ce que chacun peut en savoir, mais j'ai la prétention de m'entendre moi-même, lorsque je parle. Je dois donc me demander ce que j'entends par ce mot.

Il ne s'agit pas de déterminer ce que Dieu est en *soi* : lui seul le sait sans doute. Il s'agit uniquement de savoir ce que Dieu est pour mon entendement, ou en d'autres termes quelle est l'idée que je me fais de Dieu.

Tout ce que j'affirme, avant de me livrer à ces

recherches, c'est que l'idée de Dieu, comme toute autre idée, est soumise aux lois de la Raison, de sorte que si je me trompe en traitant ce sujet, c'est que j'aurai mal raisonné, et il appartiendra à chacun de me rectifier en se servant de la faculté de raisonner qui nous est commune. Je n'ai pas besoin d'ajouter que je n'admets pas d'autre autorité que celle de la Raison.

Quelle est l'idée que je me fais de Dieu ?

— La même que je me fais de ma personne, ou plus généralement de la personne humaine élevée idéalement jusqu'à l'absolue perfection.

— Cette idée de Dieu, essentiellement anthropomorphique, est-elle légitime ?

— Parfaitement, puisqu'elle n'invente pas une entité, ne suppose pas un être imaginaire en dehors de ce qui est, mais se borne à prendre l'être dans la forme la plus élevée que nous connaissions et à lui attribuer la plénitude de l'existence.

— Je connais l'Univers, le *Cosmos*, le monde physique, parce que je le vois, je le sens, je le touche : mais Dieu, avec lequel je n'ai point de rapports sensibles, comment le connaître ?

— Comme tu connais ton âme, et celle de ton

prochain, comme tu connais la science et la raison, chez toi et tes semblables, comme tu connais ton *Moi*, toujours un, toujours identique, au milieu des multiples variations de ta matérialité.

— A ce compte, Dieu serait à l'Univers matériel ce que mon âme ou ce qui fait l'unité de mon être, ce qui constitue mon moi est à mon corps.

— C'est du moins ainsi que je le comprends. Et dès lors je puis étudier le *Moi divin* comme j'étudie le *Moi humain*, le cherchant à la fois dans les manifestations de son organisme physique qui sont perçues par mes sens, et dans les faits d'ordre moral qui sont saisis par ma conscience, sans avoir besoin de dépasser jamais les limites de ma connaissance actuelle : méthode bien différente de celle de ces théologiens, qui après avoir doté Dieu *à priori*, d'une foule d'attributs imaginaires, prétendent ensuite rendre compte, *à posteriori*, de sa nature par l'analyse des attributs dont ils l'ont eux-mêmes gratifié.

Qu'il s'agisse de Dieu ou de tout autre *objet*, nous devons aller du connu à l'inconnu et ne rien affirmer au-delà de ce que nous savons. Je n'ai pas plus la prétention de découvrir les qualités occultes de Dieu que je n'ai celle de décrire les faits et gestes des habitants de Jupiter. Mais, connaissant Dieu comme l'universelle unité, je ne puis me tromper en reconnaissant à l'être par excellence, après les avoir élevés à l'état de perfection, les attributs que j'ai constatés réellement dans les êtres terrestres accessibles à notre connaissance.

— Dieu n'est donc pas *tout* ou *le tout?*

— Dire que Dieu est tout revient à dire que tout est Dieu, ce qui serait confondre toutes choses et méconnaître la condition essentielle de toute connaissance : la distinction.

— Si Dieu n'est pas tout, il y a donc quelque chose en dehors de lui?

— Non, il ne peut rien y avoir qui ne se rattache à l'unité universelle. Sans doute Dieu est distinct du monde qui est son extériorité, mais il n'en est pas plus séparé que mon âme, durant la vie, n'est séparée de mon corps. Le *Moi divin* de l'univers, pour se distinguer de tous les faits qui s'accomplissent dans l'univers et de toutes les parties qui le constituent, n'a pas plus besoin d'être en dehors de l'universelle phénoménalité que mon *Moi* n'a besoin de sortir de mon corps pour se distinguer de mes organes et des actes que j'ai accomplis.

— Si Dieu n'est pas en dehors du monde, il est dans le monde, et alors on peut se demander quelle est la place qu'il y occupe?

— Quand vous m'aurez dit où est le siège de votre âme dans votre organisme, je vous dirai où est l'habitacle de Dieu dans l'immense univers. En attendant, cessez de considérer Dieu comme un monarque assis sur son trône, et contentez-vous de savoir que Dieu est inhérent à tout ce qui est, comme votre âme est inhérente à tout votre être.

— Dieu est-il donc contenu dans le monde ?

— Cette expression n'est pas exacte, puisqu'elle ferait supposer que le monde est plus grand que Dieu : ce qui implique contradiction, car si le monde est la manifestation de la splendeur de Dieu, comment supposer que la splendeur de Dieu puisse excéder sa puissance?

D'ailleurs, le monde, l'univers étant considéré comme la multiplicité universelle, et Dieu étant posé comme l'unité absolue, il en résulte nécessairement que l'univers est à Dieu comme Dieu est à l'univers. Dès lors, nous pouvons sans crainte de nous tromper étudier Dieu dans ses manifestations. Elles seront toujours pour nous *adéquates* à ce qu'il est. Ce qui revient à dire que les lois de

Dieu se confondront pour notre esprit avec les lois des choses et que nous connaîtrons celles-là par celles-ci, l'invisible par le visible.

C'est pourquoi toute révélation surhumaine devient inutile, et la science de Dieu n'est autre que la science de l'homme et de l'univers.

— Que Dieu ne soit ni en dehors ni en dedans du monde, et que l'unité universelle (Dieu) soit corrélative à la multiplicité universelle (monde), on l'admettra facilement ; mais il reste à expliquer où est la réalité : est-elle dans l'unité invisible conçue par l'intelligence, ou dans la pluralité phénoménale perçue par nos sens? En d'autres termes, serons-nous spiritualistes ou matérialistes?

— Ne soyons l'un ni l'autre, comme dirait Corneille, ou plutôt soyons tous les deux à la fois. Acceptons comme deux aspects de la vérité le dualisme de l'esprit et de la matière, et ne sortons pas de la connaissance positive qui nous montre partout la vie dans l'union et la mort dans la séparation de ces deux termes nécessaires à toute réalité.

Qu'est-ce que l'esprit? — Je ne sais. — Qu'est-ce que la matière? — Je l'ignore. Mais ce que je sais bien, c'est que pour connaître et comprendre, il me faut des organes qui me mettent en rapport avec les objets et une intelligence qui les pénètre de sa lumière.

Où commence l'esprit? Où finit la matière? — Je l'ignore. Peut-être le saurai-je un jour, mais, en attendant, je vois mon être se développer et grandir en puissance à l'aide des forces cosmiques et des éléments matériels que lui fournit la nature, et je sanctifie la nature.

Je le vois s'épurer et grandir en science, en sagesse, en bonté, par la communion spirituelle du travail, de l'étude, de l'acte, avec la raison universelle qui s'affirme dans l'unité suprême, et je bénis Dieu!

Ainsi se trouvent conciliés l'esprit et la matière, l'un et le multiple, le verbe divin et la nature non moins divine!

Oui, nature, mère sainte, innocente, immaculée, impeccable, sois enfin réhabilitée de l'injuste flétrissure que t'imposèrent des dogmes barbares ou mal compris! Sois enfin rétablie dans ta gloire et dans ta majesté! N'es-tu pas la forme dans laquelle l'idée se réalise? N'es-tu pas la manifestation de l'esprit? N'es-tu pas la splendeur de Dieu?

Et toi, esprit divin répandu dans tous les êtres,

âme du monde, quel que soit le nom sous lequel on te salue et on t'honore, qu'on t'appelle l'*Eternel*, la *Providence*, le *Très-haut*, l'*Être suprême*, l'*Architecte*, le *Père céleste ;* qu'on t'adore dans l'HOMME-HUMANITÉ arrivé à la conscience de sa nature divine ou dans les formes cosmiques qui manifestent ta puissance, toujours, c'est toujours toi, car tu es l'unité dans laquelle tous les êtres communiquent, tu es la loi vivante qui régit tous leurs rapports, tu es la Raison suprême dans laquelle l'univers se contemple, se possède et se réfléchit.

DIEU CONSIDÉRÉ COMME CAUSE PREMIÈRE

III. — Tel s'imagine faire profession de déisme, qui s'occupe uniquement de Dieu comme cause première et législateur de l'Univers. C'est réduire singulièrement la fonction divine dans le monde.

Le problème de l'existence de Dieu n'est pas d'ailleurs chose aussi simple. Il n'est pas non plus insondable et insoluble, hâtons-nous d'ajouter. IL EST MAL POSÉ, voilà tout. Entendons-nous cependant. L'existence de Dieu peut paraître très claire à ceux qui y croient, elle l'est moins pour ceux qui en doutent, elle ne l'est pas du tout pour ceux qui n'y croient point ou ont cessé d'y croire.

Il est bien certain que pour les gens qui n'ont jamais examiné leur religion, il n'y a pas de raison de douter de l'existence de Dieu s'ils ont été élevés dans cette croyance. C'était la foi de leurs pères ; elle leur a été transmise pieusement, ils la transmettront de même à leurs enfants comme une partie de leur patrimoine. Voltaire a exprimé en excellents termes la force du traditionalisme religieux, dans les vers qu'il met dans la bouche de Zaïre :

> Je le vois trop, les soins qu'on prend de notre enfance,
> Forment nos sentiments, nos mœurs, notre croyance,
> J'eusse été près du Gange, esclave des faux dieux,
> Chrétienne dans Paris, musulmane en ces lieux.

Triste chose cependant que ce respect de la foi de nos pères, car enfin si les hommes avaient toujours suivi la *foi de leurs pères*, nous en serions encore sans doute au fétichisme et aux sacrifices humains !

Heureusement la phase du traditionalisme religieux va s'épuisant tous les jours. Nous entrons dans une période nouvelle de la vie sociale. Les religions de cité, de nation et de race ont fait leur temps. L'âge des croyances irrationnelles est passé, au moins pour nos populations occidentales. On comprend enfin que rien ne doit être enseigné aux peuples qui ne soit conforme aux lois de la raison et de la conscience. Le règne du surnaturalisme et de la foi aveugle est fini, le règne de l'humanisme et de la science est commencé.

C'est se faire complètement illusion que de prétendre résoudre la question divine en faisant abstraction de la Science et de la Philosophie. La Science ou plutôt les sciences et la Philosophie embrassent, comprennent (*comprehendunt*) *tout ce qui est*, et prétendre les exclure de la recherche de Dieu, c'est donner à entendre que le nom de Dieu ne répond à aucune réalité. Or, « c'est là justement, Seigneur, pourquoi votre fille est muette », et pourquoi l'esprit humain a perdu Dieu. On l'a perdu pour l'avoir exclu du monde, qu'il avait créé, et aussitôt qu'il l'a eu créé. Puis, on s'est mis à sa recherche et on ne l'a pas trouvé. On le cherche encore. Les religions surnaturalistes avaient la ressource du miracle. Elles en ont usé tant qu'elles ont pu, mais depuis que *les miracles ont cessé*, rien ne va plus. Il n'y a plus de rapports entre le monde qui est *fini*, — à ce que disent les théologiens, — et Dieu qui est *Infini* ! Et c'est ainsi qu'un abîme s'est creusé entre l'homme et Dieu, et qu'à la place de Dieu, âme du monde, animant tous les êtres et les faisant communier entre eux au sein de l'Univers, par l'esprit et par la vie, par l'intelligence et par les sens, on a appelé de ce nom, de Dieu, on ne sait quelle abstraction inerte et sans vie, mais douée de toutes les qualités et de toutes les perfections. Il les a toutes, en effet, comme la jument de Roland ; seulement elle était morte. Il l'est aussi.

M. Renan, qui en homme d'esprit qu'il était, a trouvé le moyen de se montrer à la fois sceptique et religieux, a parfaitement qualifié, en langage philosophique, le point où en est, à notre époque, parmi les gens bien élevés, la notion de Dieu. « Dieu, a-t-il dit, appartient à la catégorie de l'idéal », ce qui veut dire en langue vulgaire que ce *bon vieux mot*, comme s'exprime encore M. Renan, ne représente rien de réel, rien de concret, de vivant et d'objectif. Je n'ai pas vu que personne ait protesté contre cette définition. Et comment protester, alors que M. Renan ne faisait qu'exprimer, sous une forme heureuse et en beau langage, ce qui est la pensée commune des philosophes et même, comme on disait autrefois, de *tous les honnêtes gens* sur la divinité?

En parlant ainsi, M. Renan était d'ailleurs parfaitement d'accord avec les hommes de science, presque tous acquis au positivisme, qui jusqu'au bout exclut Dieu du domaine de la science et de la philosophie, le place dans le royaume des chimères, professe que l'*Infini* est une pure entité métaphysique, dans tous les cas *incognoscible*, et ajoute par la bouche d'Auguste Comte, devenu le grand Pontife du culte de l'Humanité, « que l'Humanité doit se substituer définitivement à Dieu, *sans oublier jamais ses services provisoires.* » Ce qui est vraiment bien aimable de sa part. Au moins il salue son mort avant de prendre sa place.

Proudhon n'était pas si poli, quand il écrivait à la même époque : « *Dieu, c'est sottise et lâcheté ; Dieu, c'est hypocrisie et mensonge ; Dieu, c'est tyrannie et misère ; Dieu, c'est le mal..... et s'il est un être qui, avant nous et hors de nous, ait mérité l'enfer, il faut bien que je le nomme, c'est Dieu.* » Et ailleurs encore : « *Un Dieu qui gouverne et ne s'explique pas est un Dieu que je nie, que je hais par dessus toutes choses.* »

Quel est donc le Dieu dont on parle ainsi? C'est

sans aucun doute le Dieu absolu du miracle, le Dieu incompréhensible des dogmes chrétiens, le Dieu féroce et rancunier du péché originel qui damne toute l'espèce humaine pour la désobéissance du premier couple, le Dieu stupide qui envoie son fils périr sur la croix pour expier les péchés des hommes, lesquels n'en continuent pas moins à se damner, comme auparavant ; le Dieu d'un paradis insipide et d'un enfer éternel ; en un mot, le Dieu des prêtres et de l'Eglise ! Oui, c'est ce Dieu-là, mais c'est aussi le Dieu du spiritualisme de l'Ecole et de tous les déistes, théistes ou monothéistes qui affirment l'existence d'un Dieu anthropomorphe, qu'ils procèdent de la tradition judæo-chrétienne ou du rationalisme métaphysique : C'est le Dieu de Descartes et de Newton, de Lokke et de Voltaire, c'est le Dieu Créateur, qui a créé le monde *à un moment du temps*, — peu importe qu'il y ait cent mille ans ou cent mille kalpas ? — C'est le dieu horloger, architecte ou mécanicien, qui est à l'univers ce que l'ouvrier est à l'œuvre qu'il a conçue et fabriquée de ses mains ; enfin, c'est le Dieu extérieur au monde !

Les populations catholiques, à mesure qu'elles échappent à la discipline romaine, ne sortent des vieilles superstitions que pour rouler dans le matérialisme le plus grossier. Les nations protestantes, avec plus de tenue, ne sont guère plus croyantes. Si avec les juifs elles continuent à lire la Bible et à chanter les psaumes de David, elles ne se sentent pas plus reliées à Jéhovah qu'à Baal ou à Jupiter.

— On ne peut pas se sentir uni à un idéal arriéré qui nous est inférieur en moralité et n'a plus rien à nous apprendre. Dieu est devant nous, jamais derrière ! — et en réalité, juifs et chrétiens, protestants et catholiques, à part quelques âmes d'élite, n'adorent que le veau d'or. S'enrichir, satisfaire ses caprices, ses besoins de paraître et tâcher de s'amuser, tel est, du haut en bas de l'échelle sociale, pour l'un et l'autre sexe, l'objet de la vie et l'unique préoccupation *des civilisés* de la fin du dix-neuvième siècle.

Nous avons suffisamment exposé la notion que se font de la divinité les hommes d'idée, les hommes de science et généralement les gens instruits, bien élevés, ceux qui, dans tous pays, constituent ce qu'on peut appeler l'aristocratie de la pensée.

Les libres-penseurs de la démocratie ont moins

de calme sérénité et plus de franchise. L'athéisme ne leur suffit pas. Ils sont *anti-théistes*. Proudhon a fait des petits, que Blanqui et Jean Golowine ont pris en nourrice et dressés à maudire Dieu et à le haïr. Les journaux populaires sont pleins de leurs violences de langage. Anarchistes, nihilistes, révolutionnaires de tous les pays s'expriment à peu près dans les mêmes termes : « *Ni Dieu ni maître ! Haine à Dieu ! Le nommé Dieu ! Dieu, voilà l'ennemi !...* »

Ce sont là des insanités, dira-t-on, qui ne méritent pas qu'on s'en occupe !

Erreur ! ce sont là les symptômes d'un état mental, dangereux sans doute pour la paix sociale, mais qui n'est que le résultat logique des fausses notions données au peuple sur la divinité. On lui a représenté Dieu comme un monarque. — « Le ciel est son trône, la terre son escabeau ! — Et comme le roi du ciel et de la terre paraît, selon les apparences, ne se servir de sa toute-puissance que pour perpétuer les iniquités séculaires qui pèsent sur les classes inférieures, chargées de tout le poids de la pyramide sociale, le peuple des déshérités, aujourd'hui qu'il ne croit plus ni à Dieu, ni à l'âme, ni au paradis, ni à l'enfer, et se figure qu'on *l'a trompé* pour exploiter son ignorance, après s'en être pris à ses ministres, s'en prend, dans sa manie de personnifier, au monarque, qu'il se représente comme le souverain maître et le tyran de l'univers !

Un tel raisonnement est enfantin, sans doute. C'est toujours celui du sauvage qui brise le fétiche dont il a fait son Dieu. Mais ce raisonnement est logique en ce sens que le peuple, bien qu'il ignore que c'est lui, plus encore que ses prêtres et ses théologiens qui s'est fait son Dieu, comprend bien que le Dieu-monarque, créateur du ciel et de la terre, est la clef de voûte de l'édifice social qui pèse sur lui, et c'est pourquoi il s'efforce d'arracher cette clef de voûte pour faire crouler l'édifice qu'elle soutient.

Etant donnée la méthode révolutionnaire, qui est fausse — car on ne détruit jamais que ce qu'on remplace, — mais à laquelle on croit encore dans les masses humaines ; étant donné l'aveuglement du peuple qui lui fait chercher la source de ses misères dans les formes sociales, politiques, religieuses, tandis qu'elle est en lui-même, dans ses vices, dans ses mauvais instincts, dans ses ignorances et aussi, il faut bien le dire, dans l'égoïsme des classes supérieures, il faut bien reconnaître qu'il y a une grande part de vérité dans les révoltes de la conscience populaire contre le vieil idéal divin. Ce n'est pas sans raison que Victor Hugo, dans son langage pittoresque, écrivait « qu'il faut écheniller Dieu. » Ce n'est pas assez dire ! Nous avons à retrouver Dieu et à le montrer aux hommes. Quand les hommes, qui au lieu de chercher le divin là où il est, dans l'éternelle réalité des êtres et des choses, n'ont fait qu'en poursuivre l'ombre, en le créant, toujours chacun à son image, auront appris à reconnaître Dieu, dans sa réalité visible et tangible, ils ne douteront plus de son existence, en contemplant sa splendeur et se sentant baignés de sa lumière. Mais, en attendant, nous qui après trente années d'études et y avoir toujours pensé, croyons posséder la vraie notion de l'Unité divine, nous nous consolons du triste spectacle que nous donnent ceux qui exilent Dieu de l'Univers, ceux qui le nient et ceux qui l'outragent, en constatant que sous toutes ces erreurs, ces négations et ces blasphèmes, il y a quelque chose de divin qui se meut dans les âmes et que l'Humanité, comme la Vierge fécondée par l'Esprit-Saint, tressaille déjà sous l'étreinte de la pensée divine et sent dans ses entrailles s'agiter l'Idéal d'un monde nouveau. S'il existe un principe dont on puisse faire un point de départ commun, c'est celui de l'Ordre Universel : « Il y a de l'Ordre dans le monde. » Là-dessus on est d'accord. On accepte aussi généralement que cet ordre qui embrasse l'ensemble du Cosmos comme un tout harmonique, est dû à des lois permanentes. Jusque-là tout va bien. Mais on ne tarde pas à se diviser sur le sens du mot *Lois*, qui diffère, selon l'idée qu'on se fait de Dieu, du monde et de ses origines.

« Petits ou grands, dit-on, ignorants ou savants, sauvages ou civilisés, tous savent qu'il y a en dehors d'eux-mêmes, des lois qu'ils subissent et qu'ils n'ont pas faites. *Quoi qu'on pense de la cause première*, il est certain que l'Univers est régi par des lois, et il faut être aveugle pour ne pas voir que l'ordre et l'harmonie y règnent. »

Rien de mieux tant qu'on écarte *la recherche de la cause première*, mais c'est justement l'introduction de cette *cause première* dans la conception du monde qui vient troubler les esprits et rompre l'accord existant entre eux sur le fait principe de l'Ordre universel.

Toutes les fois qu'on cesse de s'entendre, soyez

sûr que c'est à propos de quelque chose qu'on ne sait pas bien et qu'on n'explique pas bien clairement, de sorte que chacun des contendants la comprend à sa façon. Dès lors, comment s'entendre ?

Mais est-il bien vrai qu'il y ait une *cause première* dans le sens donné généralement à ce mot ?

Si le monde est co-éternel à Dieu — et il doit l'être, par la raison que le *Moi-Divin* de l'Univers ne peut pas se comprendre séparé un seul instant de son Non-Moi, l'*Univers*, qui l'objective et le manifeste — il ne peut, pas plus que l'homme, se comprendre et se connaître sans les formes extérieures qui le limitent en le projetant au dehors. Il semble que si l'on se place à ce point de vue, le mot *cause première* appliqué à la puissance créatrice perd le caractère absolu qu'on lui a généralement attribué jusqu'ici.

En effet, en affirmant l'éternité du monde, on n'entend pas pour cela nier la création, mais elle doit être dite perpétuelle et sans commencement ni fin, comme nous la voyons se produire sous nos yeux lorsque nous considérons que l'Univers est tout peuplé de mondes en développement, qu'au delà de notre système solaire, il existe des amas d'autres systèmes qui ont, comme le nôtre, leur soleil et même plusieurs soleils avec leur cortège de planètes, et que les germes des mondes sont répandus dans les espaces célestes comme les germes de corps vivants sont répandus dans l'atmosphère, et comme les êtres corporifiés le sont à la surface du sol, de sorte que, en même temps que nous voyons les êtres et les mondes passer sous nos yeux dans un *devenir* sans fin comme par le mouvement d'une roue, selon l'expression védique, et la mort partout renouveler la vie sans jamais l'épuiser, nous ne sachons pas que rien dans le spectacle de l'Univers nous autorise à conclure à un commencement absolu de l'Univers, alors surtout que la Science nous a appris, à l'aide de la balance et de l'analyse, que rien ne se perd, *ni matière ni force*, et encore moins l'*esprit*, sans doute, qui préside à leurs incessantes et inépuisables transformations — bien que nos chimistes n'aient pas encore réussi à le trouver au fond de leurs cornues.

Dès lors, comme l'histoire de notre planète se trouve écrite dans les couches de la croûte terrestre comme aux pages d'un livre, nous savons parfaitement que notre terre a commencé, ainsi que tous les corps terrestres, minéraux, végétaux ou animaux qui vivent sur son sein.

Nous ne doutons donc pas *de la création* de notre planète ; et nous en concluons par analogie à une création semblable des autres planètes, du soleil lui-même, et de même pour tous les mondes. La création est donc successive dans le temps et dans l'espace. Elle se fait toujours ; elle s'est toujours faite. Elle ne peut avoir ni commencement ni fin. Nous ne pouvons douter non plus que la vie et l'intelligence ne se soient développées chez les êtres qui se sont succédé à la surface du globe. Et l'homme aussi est venu à son tour sur la terre, procédant d'espèces inférieures, mais qu'importe ! Plus l'homme sera parti de bas, et plus il y aura lieu de glorifier l'*esprit humain* qui l'a fait *ce qu'il est devenu,* dans ses types les meilleurs et les plus avancés, pourvu que nous fassions le départ de l'œuvre humaine et de l'œuvre divine, et qu'en montrant l'action constante du divin dans le devenir de l'Humanité, nous fassions comprendre que si l'homme ne peut se perfectionner qu'en travaillant lui-même à son amélioration, il ne peut rien sans le concours des autres et sans l'aide et l'assistance de l'ÊTRE, en qui se trouve toute vie, toute sagesse et toute perfection.

L'Ordre ainsi compris, et alors même que nous repousserions l'expression de *cause première* comme manquant de clarté et d'exactitude, Dieu cependant n'a rien à perdre à ne plus être ainsi nommé, s'il reste cette unité vivante qui fait concourir toutes les forces et toutes les œuvres des êtres à leur conservation et à leur évolution progressive vers un état supérieur qui peut être, par exemple, la perspective de l'état conscient pour le devenir des êtres inférieurs à l'homme et pour l'être arrivé, comme l'homme, à l'état conscient, la conquête de l'état divin pour l'individu et pour l'Humanité.

Mais voyez cependant comme l'état des choses change selon qu'on attribue à Dieu tout le fardeau de la création, au lieu d'y faire concourir tous les êtres et tous les mondes, les uns conscients, les autres inconscients de l'œuvre.

La création de l'Univers devenue permanente, successive et *universelle*, n'est plus l'œuvre d'un être solitaire, seul éternel et tout puissant.

C'est un concours, une association de forces, et c'est par la communion de tous les êtres et de tous les mondes, au sein de l'Unité divine, qu'elle s'accomplit. L'Univers est alors conçu comme un immense atelier dont chaque monde, chaque soleil, chaque planète est une dépendance et où chaque être, depuis le plus infime jusqu'au plus grand, fait sa partie. Et l'homme, chef de l'atelier terrestre, se trouve élevé à la collaboration de l'œuvre divine. Il est *créateur*, lui aussi, et ouvrier *conscient* de l'œuvre qu'il accomplit sous la main de Dieu. Conscient, mais aussi responsable; car la raison consciente ne va pas sans la responsabilité des actes.

L'homme est donc responsable, solidairement avec ses semblables, quoique à des degrés divers, de tout ce qui a vie sur la terre et de la vie de la planète elle-même, que le chef de l'atelier terrestre, en ne faisant pas son devoir, peut arrêter dans son développement. — Ce qui serait un grand crime capable de faire perdre à l'âme de notre humanité ses titres à la vie éternelle.

Concluons que pour nous, qui n'admettons que des commencements relatifs de chaque chose, nous sommes fondés à dire qu'avec l'Univers éternel, la création l'étant aussi, il n'y a plus de *cause première*, dans le sens absolu du terme, mais bien plutôt une *cause éternelle*.

Qu'il nous soit permis d'ajouter que si la vie, comme nous le pensons avec toute l'antiquité savante et religieuse, est un cercle qui se suffit à lui-même, à condition de se renouveler sans cesse en se transformant par les alternatives de la naissance et de la mort, on ne peut plus voir dans la *cause première* que la relation qui existe entre la pensée créatrice d'une raison éternelle et les éléments du milieu appropriés d'avance à la réalisation de cette pensée.

En somme, nous ne demandons point qu'on cesse de se servir de l'expression *cause première*, d'autant plus que Dieu se trouve au commencement et à la fin de tout (étant l'*Alpha* et l'*Oméga*), mais ayant à combattre l'idée de Dieu extérieur au monde et à l'âme humaine, nous devions faire ces réserves et signaler l'amphibologie du terme.

Nous venons de montrer que l'expression « *cause première* » prise dans un sens absolu est propre à une conception du monde qui suppose un commencement à la création et qu'il convient de l'abandonner ou de ne lui donner qu'un sens relatif, si l'on admet avec nous, et, je crois, avec la

Science — celle d'aujourd'hui ou celle de demain — que la création est éternelle.

Mais c'est surtout au sens du mot *lois* qu'il faut s'attacher si l'on veut faire disparaître le malentendu qui existe sur la question divine et sur le rôle de Dieu dans le monde, ou plus exactement, par rapport *à tout ce qui est* — car Dieu, quoique immanent dans le monde, n'y est pas contenu : au contraire ! Tout en le gonflant de son souffle, l'âme divine le déborde de toutes parts, et, selon la magnifique expression de saint Paul : « *In Deo vivimus, et movemur et sumus* : NOUS VIVONS EN DIEU, NOUS NOUS MOUVONS EN DIEU, NOUS SOMMES EN DIEU.

On ne peut douter de l'existence du malentendu lorsqu'on voit la Science contemporaine, qu'elle soit athée, théiste ou panthéiste, matérialiste, positiviste ou spiritualiste, poser l'*Ordre* au sein de l'Univers, comme un axiome, sous-entendre dans toutes ses recherches et parcourir le champ immense du *Connaissable* à la découverte des lois qui régissent les phénomènes, sans supposer possible qu'il s'en rencontre jamais un seul qui puisse, en y échappant, introduire le trouble dans l'Univers.

C'est à cette conviction d'un ordre universel assuré par des lois incommutables que la Science moderne doit tous ses progrès ; c'est avec ce principe qu'elle a chassé du monde le surnaturel et le miracle, et c'est justement sur ce principe que la plupart des savants s'appuient pour nier la création et la cause première.

Comment donc se fait-il que certains philosophes invoquent l'ordre et la stabilité des lois cosmiques et naturelles à l'appui de la croyance en un Dieu créateur et extra-mondain, alors que ceux qu'ils combattent se servent des mêmes arguments pour nier une telle intervention, soit d'ailleurs qu'ils écartent purement et simplement toute recherche d'une cause première, comme font les positivistes, soit qu'ils cherchent, comme font de nos jours presque tous les hommes de la Science, dans les théories évolutionnaires et transformistes, l'explication des origines ?

Il est évident qu'il y a là un malentendu ; ce malentendu est grave dans ses conséquences, car c'est lui qui maintient l'antagonisme existant entre la raison et la foi et c'est de lui que procède le trouble mental où vivent les nations chrétiennes.

Nous trouvons la source de ce malentendu dans

la double acception donnée au mot *loi*, qui selon qu'il est pris dans son sens vulgaire et traditionnel ou dans le sens employé dans la science, change complètement l'aspect des choses.

Lorsqu'en parlant des lois qui régissent les êtres et les mondes, on prend le mot *loi* dans le sens de décret, de commandement, de règle imposée par une volonté souveraine, c'est que l'on suppose qu'il existe en dehors et au-dessus de l'Univers une personnalité toute puissante qui a créé le monde un beau jour par le seul effet de sa volonté.

Tel est le *Jehovah Ælohim* de la Bible, qui d'après les traducteurs du texte sacré, il est vrai, fort sujet à caution, aurait tiré les êtres du néant, fait le monde de rien et produit la lumière par sa seule parole : « Il dit que la lumière soit, et la lumière fut. »

Si on laisse de côté les formes mythiques du récit de la Genèse, on trouve que le déisme métaphysique des philosophes diffère peu de cette conception. Leur être suprême, renouvelé du *Demiourgos* de Platon, et mis d'accord avec la Bible, fabrique le monde de ses mains comme un ouvrier intelligent et habile. Ce fut le Dieu de Descartes, de Newton et des géomètres, venus à la suite, jusqu'à La Place qui aima mieux se passer de cette hypothèse.

Le déisme du XVIIe et du XVIIIe siècle s'en tint a ce Dieu, celui de Voltaire et de Rousseau. Seulement comme la philosophie était alors rationaliste, on refusa à Dieu le droit de faire des miracles, tout en lui attribuant le plus grand de tous, celui d'une création faite d'un coup, une fois pour toutes, avec la seule obligation d'une chiquenaude initiale pour donner le branle à la machine. Cela fait, le monde devait marcher tout seul, *ad æternum*, conformément aux lois qui lui avaient été données dès l'origine par son divin législateur.

Dieu ainsi conçu possède une puissance sans bornes et une indépendance sans limite. N'est-il pas l'*absolu*, le souverain maître de l'Univers et n'est-ce pas à son image que les princes de la terre ont compris leur propre souveraineté lorsqu'ils l'ont résumée en cette maxime : « *Sic volo, sic jubeo, sit pro ratione voluntas,* » ce qui peut se traduire en français : « Ainsi je veux, ainsi j'ordonne, et je n'ai à en donner d'autre raison que ma volonté ? »

Descartes n'a-t-il pas dit que « si deux et deux font quatre, c'est que Dieu l'a voulu ? » Et il ajoute, en s'adressant à l'un de ses correspondants (le P. Mersenne) : « Ne craignez point, je vous prie, d'assurer et de publier partout que c'est Dieu qui a établi ses lois en la nature, *ainsi qu'un roi établit ses lois en son royaume.* » Louis XIV ne pensait pas autrement. « Ainsi, comme l'a fait observer un philosophe spiritualiste (1), tout dans l'Univers, non seulement les individus, mais leurs rapports possibles, leur ordre et leurs lois, tout est suspendu à un premier vouloir divin, vouloir absolument arbitraire, acte primitif dont il ne faut pas chercher la raison ; car il n'a d'autre raison que soi-même. »

Toutes les fois qu'on admet l'hypothèse d'une création de l'univers, faite à un moment du temps, — qu'elle date d'ailleurs de six mille ans ou de millions de siècles, — on est entraîné à placer la cause première en dehors du tout de l'univers et à faire du suprànaturalisme. Le miracle posé ainsi à l'origine, c'est l'arbitraire introduit dans le monde et la négation de l'ordre universel. Toute conception de cette sorte transportée dans l'organisation sociale ne peut y produire que le despotisme et la tyrannie. C'est l'absolutisme sur la terre comme au ciel.

---

(1) Emile Saisset. *Essai de philosophie religieuse.* — *Le Dieu de Descartes*, tome 1er, page 50, 3e édit.. Paris, 1865.

Quelques-uns de nos lecteurs encore imbus des vieilles doctrines nous objecteront cette antinomie du Créateur et de la créature qui, dans l'homme, où l'être s'élève à la raison consciente, met en présence deux volontés, dont l'une ayant la toute puissance, peut bien permettre à l'autre la protestation et la révolte, mais à la condition de l'en punir et de ne lui laisser d'autre liberté que celle de choisir entre le supplice et l'obéissance.

Mais ce dualisme, qui appartient au passé religieux de l'humanité et que les sociétés n'ont pas manqué de reproduire dans leurs institutions, nous le repoussons, nous aussi, de toutes nos forces, et ne voudrions à aucun prix d'une conception qui, de nouveau, nous y conduirait.

La nôtre peut-elle y aboutir?

Impossible ! Car nous ne séparons pas dans l'Etre l'infini du fini, l'absolu du relatif, le nécessaire du contingent, ou du moins si nous les distinguons par la pensée, nous savons que nous faisons ainsi de l'abstraction et nous nous gardons bien de réaliser isolément l'un ou l'autre de ces termes pour en faire la substance d'une entité imaginaire. Ainsi nous ne disons pas : L'Homme est un *être fini ;* Dieu est un *être infini.* Nous disons, au contraire : l'être, dans quelque série et à quelque degré que nous l'interrogions, soit que nous le prenions dans l'homme, au-dessous de l'homme, au-dessus de l'homme, soit que nous le considérions dans le point idéal où tout ce qui est se sent, se connaît, se possède, est par essence comme par définition, éternel, infini, universel, absolu. Mais nous nous empressons d'ajouter qu'il se manifeste par des formes contingentes et limitées, finies et relatives. Et cela nous paraît si clair qu'il nous semble qu'on n'ait jamais pu comprendre les choses autrement.

Cependant, si l'on insiste, nous avons recours à la fois à l'autorité de la raison et à celle de nos sens.

Alors, de par l'autorité de la raison, nous affirmons que l'*être* ne peut cesser d'*être*, parce qu'il y a contradiction entre l'idée d'être et l'idée de néant : c'est pourquoi nous le disons *éternel*, c'est-à-dire *absolu* dans le temps.

De par la même autorité, nous affirmons que rien de ce qui *est* n'est en dehors de l'*être* et nous en concluons que l'*être* est *infini*, c'est-à-dire sans limite dans l'espace et, par conséquent, *universel*.

Et maintenant, si l'on conteste ces équations qui ne sont en apparence que des tautologies, toute notre métaphysique s'écroule comme s'écroule la géométrie si on lui conteste ses axiomes. Mais peut-on le faire sans nier les lois de la raison?

Notre métaphysique, d'ailleurs, n'invente rien. Dans ses abstractions comme dans ses généralisations (1), elle s'appuie toujours sur le fait et suit pas à pas la nature. (La métaphysique n'est que la logique de la nature pensée par l'esprit humain.)

Voyons donc le fait.

Dans l'ordre concret, tout ce qu'il nous est donné d'observer nous apparaît fini, limité, contingent, relatif. Nous-même, nous ne nous affirmons qu'à cette condition. Et il en est de même de tous nos semblables. Il n'y a pour nos sens que des êtres distincts et contingents, c'est-à-dire limités dans le temps et dans l'espace.

Ainsi, tandis que la raison, qui est une, iden-

(1) Comme la langue des nombres, la langue des idées n'a que deux opérations fondamentales qui correspondent, l'une à la soustraction-division, l'autre à l'addition-multiplication. Abstraire, séparer, déduire, sont une même opération ; généraliser, augmenter en puissance, induire, sont le même procédé dans des séries différentes de la connaissance.

tique, impersonnelle, ne conçoit que l'absolu, l'éternel, l'universel, la sensation, qui est diverse, variable, individuelle, ne nous révèle que le relatif, le passager, le spécial. Et cependant ce sont là les deux seules voies de la connaissance, et il faut qu'elles s'accordent pour que l'esprit puisse créer la science et obtenir la certitude.

Comment sortir de cette impasse logique? On ne l'a évitée jusqu'ici qu'en personnifiant l'absolu en Dieu, le relatif en l'homme et creusant ainsi entre eux un abîme infranchissable (déisme juif, chrétien et autres), ou bien en ôtant la réalité de l'existence aux êtres particuliers pour la donner uniquement à l'être universel, au tout, à la substance une (panthéisme). Il restait un troisième moyen : c'était de nier qu'il y eût rien d'absolu, d'éternel, d'universel, et d'effacer l'idée de Dieu de l'esprit de l'homme. Le problème n'était pas pour cela résolu; on espérait qu'il serait supprimé (athéisme). Mais il restait à expliquer comment le multiple sans l'unité peut donner l'ordre, comment le fini sans l'infini peut maintenir et renouveler la vie ; comment, sans la communion avec l'universel, le progrès peut s'accomplir et la création incessamment se faire; comment, sans la possibilité d'atteindre à l'absolu, l'esprit humain découvre les lois et acquiert la certitude, etc., etc. En un mot, toutes les grandes questions qui intéressent le sentiment, la conscience et la raison de l'humanité restaient debout, menaçantes, insolubles, car il n'en est pas une qui ne se rattache au grand problème de l'ÊTRE. *To be or not to be!* Le panthéisme qui se trouve au fond de toutes les religions, le polythéisme, le monothéisme, laissaient sans doute exister des obscurités et créaient des contradictions, mais ces conceptions avaient suscité de puissantes civilisations et avaient longtemps suffi à l'humanité; les systèmes qui s'y rattachent donnent, bonne ou mauvaise, une explication des choses; l'athéisme, utile comme phase de négation, de dépouillement et de préparation à un ordre nouveau, n'avait jamais abouti socialement qu'au nihilisme et à l'anarchie; pourrait-il produire quelque chose en devenant positiviste et scientifique? Quelques-uns l'espérèrent; il en est qui peut-être l'espèrent encore. En attendant, impuissant à donner le pourquoi des choses, il en systématise la suppression, comme si l'homme pouvait se donner des lois, se tracer des règles de conduite, créer un ordre social et avoir une morale sans s'interroger sur ses origines et ses fins, sur le rôle qu'il a à remplir, et sans attribuer un but à ses actes, une cause à ses déterminations, une base à son droit, une raison à son devoir!...

Nous qui n'excluons aucune de ces conceptions, et qui les regardons toutes, les unes comme des aspects partiels du vrai, les autres comme des étapes nécessaires du progrès, avons-nous évité les dangers et les fautes de leurs systèmes exclusifs? Avons-nous posé les conditions de l'ordre et de la liberté? Avons-nous sauvegardé la liberté humaine sans décapiter l'univers? Et sommes-nous fondés à affirmer à la fois le *Mot* de chaque être et le *Mot* universel? Nous aurions ainsi satisfait le sentiment général de l'Humanité, qui n'a jamais cessé, malgré les dogmes et les mystères, malgré les systèmes et leurs contradictions, de croire instinctivement au libre arbitre de l'homme et à la personnalité de Dieu. Et nous l'aurions fait sans rien inventer de nouveau en prenant la science de l'homme telle que nous la trouvons faite à notre époque et en acceptant l'idée de Dieu telle que l'esprit humain arrivé au point actuel de son développement nous l'a transmise.

On nous demandera comment un point idéal

peut être conscient, comment l'Unité suprême peut dire *Moi?*

Lorsqu'on m'aura montré le siège du *moi humain* dans le corps de l'homme, je montrerai le siège du *moi divin* dans l'Univers.

Et lorsque l'humanité aura conquis son âme, où en sera le siège?

Ne faudra-t-il pas chercher dans chaque molécule humaine, dans chaque homme, le moi de l'humanité, comme aujourd'hui on cherche dans chaque vésicule de l'organisme humain le moi qui l'anime et le fait vouloir? Et n'y en a-t-il pas déjà parmi nous qui se sentent assez revivre de la vie collective de l'humanité pour se réjouir de tous ses progrès et souffrir de toutes ses misères? C'est peu encore; c'est déjà l'aube de l'état conscient dans la collectivité humaine. Mais interrogez l'idéal, qui toujours précède le fait et en prépare la réalisation. Demandez à ces types plus ou moins mystiques des Boudha, des Christ, fils de Dieu, fils de l'homme, conçus comme incarnations divines et adorés pendant des siècles, parce qu'ils personnifiaient l'âme d'un peuple, d'une race, d'une société, d'une Eglise, et que chacun trouvait en eux sa propre humanité, demandez-leur s'ils sont autre chose que le reflet, l'image de l'âme de l'humanité, objectivée dans un type idéal... Effusion du cœur vers le divin, prières, sacrifices, communions symboliques, besoins mystiques des peuples enfants, quelles transformations devez-vous subir chez l'homme majeur, en possession de lui-même, ayant conscience de son humanité et communiant librement, directement, dans la lumière de la raison universelle avec l'Unité suprême? « Le corps du Christ est en chacun de nous, disent les chrétiens dans leur langage mystique, lorsque par la communion eucharistique, ils se croient en état de grâce, et par Christ, nous allons à Dieu et à la vie éternelle! »

Nous ne parlons pas autrement, tout en nous servant de mots différents, lorsque nous disons : « L'humanité vit en chacun de nous, et par la raison, commune à Dieu et à l'humanité, nous allons au Bien suprême. »

Mais comment concilier, nous dira-t-on encore, la co-existence du Moi divin et du Moi humain?

Si nous posons l'autonomie humaine en présence de l'autonomie divine sans craindre le choc de deux réalités, et si nous affirmons les êtres particuliers en même temps que l'être universel sans redouter le double emploi de deux *tout*, de deux univers, c'est que nous n'admettons pas qu'il y ait d'une part la somme quelconque des *êtres finis* et d'autre part un *être infini* qui s'appelle Dieu. Dieu n'est pas autre chose pour nous que l'être conçu dans la plénitude de l'existence et se possédant dans l'universelle Unité, tandis que les êtres distincts perçus dans des formes déterminées représentent l'être dans son devenir, l'être en mouvement se déterminant et se généralisant de plus en plus. Il faut donc entendre que l'être en général, tel qu'il est conçu par la raison, n'a pas de réalité sans les êtres particuliers, mais aussi qu'aucun être particulier ne peut se concevoir sans la généralité idéale qui le rattache à l'univers. Il n'y a donc pas un être indéterminé et des êtres déterminés, mais nous pouvons saisir l'être dans l'indéterminé qui se détermine par son mouvement propre dans la durée et l'étendue (temps et espace); et si nous voulons avoir l'être dans sa réalité, il ne faut jamais séparer le fini de l'infini, le relatif de l'absolu, le phénomène de la loi, le concret de l'idéal, car l'être possède ces deux éléments et c'est dans l'être qu'ils se combinent et se concilient.

Nous ne nous exprimons pas autrement que la

science positive, lorsque, observant la nature, elle nous dépeint l'*être* s'élevant sur la terre par des séries variées et des degrés innombrables de la forme la plus élémentaire, par exemple des mousses et des conferves, à l'état le plus parfait, à l'homme, dernier terme de son mouvement ascendant sur cette planète et organe de la création terrestre arrivée à l'état conscient.

Qui songe à voir sous ce terme *être*, qui n'est ici qu'une généralité ou plutôt la généralisation d'une qualité commune à tous les êtres terrestres, une réalité, une entité indépendante des êtres particuliers qui se meuvent à la surface du globe ?

Eh bien, notre philosophie ne parle pas autrement que l'histoire naturelle. Elle affirme à la fois l'élément particulier et l'élément commun dans tout ce qui est. Elle est d'accord aussi avec la tradition religieuse lorsqu'elle dit avec celle-ci : « Dieu est partout. » L'universel en effet est inhérent à tout être, et tout être va se l'appropriant de plus en plus, à mesure qu'il parcourt les degrés innombrables de l'existence. Mais arrivé à l'état conscient, on peut dire avec le christianisme qu'il lui est donné « de monter au ciel et de contempler Dieu » en communiant par la raison avec la raison suprême et mettant son être en harmonie avec le type de bonté, de sagesse et de justice dont tout être doué de conscience et de raison porte en lui l'ineffable idéal.

Nous ne nous préoccupons ni de déisme ni de panthéisme, mais de la vérité. Il y a du vrai dans chacun des aspects sous lesquels les hommes ont vu Dieu. Le déisme monothéiste (comme chez les juifs et les musulmans) ou trithéiste (comme chez les chrétiens), le panthéisme et le polythéisme sont trois formes légitimes des religions du passé et devront se concilier dans la synthèse religieuse de l'avenir.

Ce n'est même qu'au prix d'une telle conciliation que cette synthèse deviendra la religion universelle de l'humanité. Mais quel que soit le point de vue où l'on se place, il faut éliminer de l'idée de Dieu tout ce qu'elle peut avoir d'irrationnel ou d'illogique. Le panthéisme n'a pas moins besoin que le déisme d'être *échenillé*, comme disait Victor Hugo, ou d'être débarrassé des fausses notions qui s'y sont attachées à travers les siècles.

Or, si l'on entend par *panthéisme* (de *pan*, tout, et de *théos*, Dieu) que « tout est Dieu », nous repoussons absolument cette appellation et nous ne méritons pas qu'elle nous soit jetée à la tête, car jamais personne n'a distingué plus nettement ce qui est divin de ce qui ne l'est pas. Mais si l'on entend par ce mot qu'un même souffle de vie, immanent dans le monde, le meut et le dirige, avec une raison parfaite, vers une fin bonne, juste et utile, oui nous sommes panthéiste.

Mais ne sommes-nous pas polythéiste, en même temps, en admettant à l'état divin tous les êtres qui par une ascension due à leurs efforts, au travail, à la lutte, à la souffrance, se seront perfectionnés de vie en vie jusqu'à se sentir vivre dans leurs semblables comme si l'humanité n'avait qu'une âme et qu'elle fût chargée, en se divinisant, d'entraîner avec elle vers la perfection tous les êtres de son domaine terrestre?

Et cependant ne restons-nous pas monothéiste en plaçant uniquement dans l'unité universelle le moi divin et conscient de l'Univers et définissant Dieu comme le fait Moïse lorsqu'il le nomme *Jéovah* ou l'*Etre-étant*, c'est-à-dire l'*Eternel*, et qu'il le fait se définir lui-même : « Je suis celui qui suis », et comme plus tard, l'auteur de l'Apocalypse : « *Celui qui est, fut et sera?* » Seulement, observez bien ceci : En définissant Dieu « l'ETRE conçu dans son infinitude », nous n'en faisons pas *un être* particulier; tandis que Moïse, en faisant parler Jéovah pour le faire se définir lui-même et dicter ses commandements, le personnifie et l'anthropomorphise.

Si nous avons cité Moïse, ce n'est point pour nous couvrir de l'autorité de son nom, dans notre définition de Dieu, qui est pour nous comme pour lui, l'Etre compris dans son unité et dans son infinitude, mais parce que nous voulons appeler en témoignage l'œuvre du législateur des Hébreux dans la question de la personnalité divine, afin de montrer, par son exemple, l'erreur où l'on tombe lorsque l'on place l'Infini dans un être particulier, qui n'est alors, quoi qu'on fasse, qu'une abstraction réalisée. Nous mettrons en même temps en présence du Dieu *un* de Moïse, l'*Unité divine*, comme nous la connaissons. Bien des gens, sans ce parallèle, ne comprendraient pas notre idée de Dieu. On verra alors comment, en suivant une bonne méthode, on peut affirmer à la fois, sans aucune contradiction, la personnalité de Dieu, son ubiquité et son infinitude.

Ce qui frappe tout d'abord, dans l'œuvre si puissante de Moïse, c'est que le législateur des Hébreux, en même temps qu'il nomme Dieu de son vrai nom qui est : l'ÊTRE (en hébreu *Jéovah* ou *Jahveh*) et le fait s'affirmer lui-même comme immense et éternel, — c'est-à-dire sans limite de temps et d'espace, le personnifie cependant, et l'anthropomorphise en le faisant parler, penser et agir comme un simple mortel. Il y a là une apparente contradiction qui n'a pu échapper au fondateur de la nationalité hébraïque.

Sans doute il ne faut pas, quand il s'agit du Dieu de Moïse, prendre le mot *anthropomorphisme* dans le sens étroit d'une matérialisation de la divinité dans une forme corporelle. La pensée de Moïse est certainement opposée à toute corporéité matérielle de *l'Eternel*. Il le répète sans cesse, et défend à son peuple, sous les peines les plus sévères, de se faire une image de son Dieu. Cette interdiction, inscrite sur les livres de la loi, précède tous les articles du Décalogue, et l'on peut dire qu'elle est la condition expresse de l'alliance que Jéovah a contractée avec son peuple, de sorte que sa violation était considérée comme le seul crime qui ne pût lui être pardonné. On sait comment, dans l'affaire du *Veau d'Or*, Moïse punit la première transgression à ce commandement : trois mille hommes massacrés pour avoir adoré Dieu devant une statuette représentant le bœuf Apis. Ses successeurs, juges, prêtres, prophètes et docteurs persistèrent, après lui, dans cette voie et ne reculèrent jamais devant l'emploi de moyens analogues. La Bible est toute remplie de meurtres de ce genre commis au nom du « Dieu fort et jaloux », de sorte que l'on s'étonne de voir le même Dieu donner à son peuple des lois si sages et si humaines et lui inspirer en même temps des actes si atroces de fanatisme et d'intolérance religieuse. C'est à Moise qu'il faut faire remonter l'honneur des unes et la responsabilité des autres. Si ses lois ont fait un peuple de ce qui n'était qu'une horde d'esclaves, le fanatisme de ce peuple, son exclusivisme religieux l'ont rendu insupportable aux autres peuples, et ont nui, au lieu de la servir, à la cause de l'unité divine. Les Juifs n'ont jamais compris que si l'ÊTRE (*Jéovah*) restait le *Dieu des Juifs*, il ne pouvait être *reconnu* par les autres peuples et devenir le Dieu du genre humain. Il faut à chaque race, à chaque peuple, et peut-être bien à chaque homme, un Dieu fait non pas seulement à son image physique, mais à l'image de son âme, de son être moral et en rapport avec sa manière de comprendre ses rapports avec ce qu'il sait ou imagine du monde et de soi-même. C'est pourquoi l'idée de Dieu ne s'impose pas. Elle est donnée par le sentiment spontané du Moi de chacun, qui l'a reçu lui-même de la tradition, de l'éducation et des influences du milieu, en l'accommodant à son usage, selon son degré de lumière et de développement. Mais on se tromperait si l'on pensait qu'il est indifférent de se faire telle ou telle idée de Dieu. Autre chose est de reconnaître l'autonomie de la conscience et de respecter également toute croyance sincère, ou de laisser le sentiment de chacun se laisser aller à croire à ceci ou à cela en dehors de toute science et de tout examen préalable. S'il est vrai que notre société contemporaine soit arrivée à l'âge de raison, il faut lui apprendre que le sentiment, par lui-même, est aveugle et a besoin d'être toujours guidé par la Raison, et que la Raison elle-même a besoin des lumières de la science. Cela est vrai pour l'idée de Dieu et pour les croyances religieuses comme pour tout le reste. Bien plus, comme l'idée que l'on se fait de Dieu se rattache toujours à une conception générale du monde physique aussi bien que du monde moral, embrassant ainsi l'ensemble des rapports humains, nos erreurs, sur ce point, ont plus d'importance que sur tout autre sujet. Combien cette pensée doit nous rendre prudents et réservés quand nous traitons cette redoutable question, sans qu'il nous soit jamais permis de reculer devant l'expression de la vérité. Restons bien convaincus que, tôt ou tard, la vérité nous sauvera. Que dis-je? Elle nous sauve tous les jours. Elle est le *Verbe* toujours prêt à apparaître et à projeter sa lumière sur le monde qui souvent la méconnaît et ne la reçoit point. Mais nul n'a le droit d'étouffer ou d'ajourner l'idée qu'il porte en soi, sous prétexte qu'elle sera incomprise, et que le milieu n'étant pas préparé à la recevoir, elle risque d'y apporter non la paix et la conciliation, mais le trouble et le désordre. Lâches considérations d'une volonté défaillante!

L'idée n'est pas la propriété de celui qui la porte. Eclose dans un cerveau humain, fécondée par la Raison éternelle, elle est le produit de tous les travaux antérieurs, de toutes les recherches et de toutes les souffrances de ceux qui nous ont précédés. Faite de leur sang et de leur âme, elle appartient à l'héritage commun de l'humanité, par conséquent à tous les hommes. C'est pourquoi ceux qui, jadis ou naguère, mirent la lumière sous le boisseau, sont inexcusables. Ils commirent ce péché contre le Saint-Esprit, le seul, selon Jésus, qui ne puisse être pardonné. C'est pourquoi aussi, c'est une parole impie et criminelle, celle de ce lettré, écrivant « que s'il avait la main pleine de vérités, il ne l'ouvrirait pas! » Et c'est pourquoi enfin, plus nous croyons à *la valeur* de l'idée que nous avons conçue et méditée, plus nous sommes tenus de la donner *gratuitement* à tous, afin que chacun en tire ce qu'il peut en tirer. Le soleil, en répandant à flots sa lumière sur le monde, demande-t-il à chaque être s'il est prêt à la recevoir et dans quelle mesure il pourra se l'assimiler? Donc, *qui potest capere, capiat!*

Tout en priant d'excuser cette longue parenthèse, nous allons en ouvrir une autre pour exposer sommairement notre conception du monde et de la vie, afin que nos lecteurs puissent voir à la lumière de quels principes et de quelle méthode nous formulons nos critiques des fausses notions que nous combattons et qui, tant qu'elles seront maîtresses des esprits, feront obstacle aux vérités que nous avons à faire accepter sur Dieu, le monde, l'homme et ses destinées. Ce n'est qu'en amenant nos lecteurs à se placer, au moins provisoirement, à notre point de vue, en définissant les mots et en expliquant le sens souvent nouveau que nous leur donnons, que nous arriverons peut-être à parler avec eux la même langue. Ce qui est indispensable aux hommes pour se comprendre.

Rappelons, pour éviter tout malentendu, le sens que nous attachons au mot Dieu.

Nous entendons par le mot *Dieu* l'ÊTRE conçu dans son unité universelle, dans sa permanence et dans sa plénitude.

Dieu ainsi compris a, pour représentation objective, l'Univers matériel, mais il ne se confond pas avec l'Univers qui le manifeste à nos sens et le raconte éternellement à notre intelligence.

Nous voyons Dieu par les yeux de l'esprit dans l'unité universelle et permanente d'où divergent et où convergent tous les rapports, tandis que l'Univers nous apparaît, dans ses formes matérielles et dans ses productions tangibles, comme une multiplicité phénoménale toujours nouvelle, et toujours harmonique en toutes ses parties, mais changeante et transitoire dans son incessant *devenir*.

Cependant, sous peine de glisser dans le Panthéisme et dans l'idolâtrie polythéiste, il convient de distinguer Dieu de l'Univers qui le manifeste, il ne faut pas songer à l'en séparer. L'Etre total conçu par la pensée, et l'Univers, pris pour l'ensemble des choses qui tombent sous les sens, ne sont que les deux aspects de la réalité et comme les deux côtés d'une même médaille.

En effet, l'*Être*, que nous le considérions dans son tout synthétique ou dans tel ou tel corps terrestre soumis à notre observation directe, nous présente partout le même dualisme.

L'unité et la diversité coexistent partout dans la nature. Seulement il est à remarquer que si les corps des règnes animal, végétal et minéral ont tous également ce double caractère, on peut constater que l'unité devient de plus en plus prédominante à mesure qu'on s'élève sur l'échelle des êtres, de telle sorte que lorsqu'après avoir suivi l'évolution croissante de la vie et de ses attributs : la sensibilité, l'intelligence, la volonté, on arrive au sommet de la vie animale, à l'homme doué de conscience et de raison, et qu'on l'observe aux diverses étapes de son développement, on voit que *son unité* domine d'autant plus *la diversité* des éléments qui le constituent qu'il s'éclaire et s'améliore davantage et surtout qu'il sait mieux vouloir, agir et se posséder dans la souveraineté de sa raison. Sur ce terrain de la liberté morale, de la volonté, de l'activité et du gouvernement de soi-même, il n'est pas de limite au progrès de l'homme social. Il peut monter de degré en degré, élargissant toujours la sphère de son savoir, de son action et de son autonomie jusqu'à l'état divin, où il se sent vivre dans tout ce qui est.

Pour s'élever à l'intelligence de l'unité divine, il suffit d'étendre par la pensée au *Grand Etre*, à l'Etre pris dans sa totalité inconnue, l'idée que l'homme se fait de lui-même lorsqu'il se considère à la fois dans sa multiplicité corporelle et dans l'unité spirituelle de son âme. Il se sent bien *un*, en effet, et toujours identique à lui-même, quel que soit le temps écoulé depuis sa naissance et quels que soient les changements qui ont pu s'opérer dans ses manières d'être. Il y a donc quelque chose qui *permane* au milieu du renouveau incessant de toutes ses molécules : c'est son Moi conscient. En outre, ce Moi conscient se sent vivre dans toutes les parties de son organisme comme s'il y était représenté partout à la fois. C'est qu'en effet il possède une âme vivante qui le met constamment en rapport dynamique, au moyen des centres et des filets nerveux, avec les fibres, cellules et globules qui constituent sa matérialité ; de sorte que rien de ce qui touche son corps ne lui est étranger. De même par les organes de ses sens, tout ce qui intéresse son être intellectuel et moral parvient à son Moi conscient, dans les relations que son âme sensible et intelligente peut établir avec le monde extérieur.

Cet examen sommaire de l'être humain étendu à l'Être qui les contient tous permet à chacun de nous de se représenter l'univers comme le corps de Dieu, et de reconnaître dans ce grand corps la nécessité d'un dynamisme invisible qui en anime toutes les parties et ramène l'indéfinie variété des relations à un centre conscient où l'Être se possède dans son unité universelle.

Ce Centre spirituel ou Moi conscient de l'Univers, c'est Dieu.

Nous montrerons plus tard, en traitant du monde physique, que non seulement la vie et les mouvements spontanés des corps organisés et des atomes hypothétiques de la chimie sont inexplicables sans un dynamisme spirituel immanent dans toutes les parties de l'Être et des êtres, mais que les mouvements réguliers et balancés des corps célestes sont inexpliqués et inexplicables par la théorie de la gravitation. Partout à la passivité des molécules matérielles il faut opposer une activité spirituelle qui les détermine au mouvement et leur fasse équilibre dans les limites d'une loi mathématique qui se confond avec la raison éternelle. Pour le moment, il nous suffit de nous en tenir aux beaux vers de Virgile, dont la pensée appartient à l'ancienne conception de l'âme divine, immanente dans le monde et qui, au temps de Virgile, était encore enseignée par l'initiation aux mystères :

Principio cœlum, ac terras, camposque liquentes,
Lucentemque globum lunæ, titaniaque astra,
Spiritus intus alit; totamque infusa per artus,
Mens agitat molem et magno se corpore miscet.

« Dès le principe des choses, le ciel et la terre, » et les mers, le globe lumineux de la lune et » l'astre titanique du soleil, sont animés par l'Es- » prit, âme universelle, qui, répandue dans les » veines du monde, en meut toute la masse et se » mêle, immanente, au corps immense de l'Uni- » vers. »

Mais, en parlant de l'Univers, il faut bien comprendre que nous entendons l'Univers tout entier. Trop souvent on oublie dans l'Univers de tenir compte d'une de ses faces les plus importantes. Nous voulons parler *du souffle qui l'anime dans toutes ses parties :* ce n'est rien de moins que *l'âme divine,* laquelle, à part ses propriétés spirituelles, a aussi ses manifestations sensibles. Il y a surtout une chose qui se retrouve chez tous les êtres, et joue un grand rôle dans le monde visible, c'est l'atmosphère. Chaque être a son atmosphère, qui généralement enveloppe l'être et le manifeste dans une certaine mesure, adoucit les rapports de contact, comme pourrait le faire, par exemple, entre deux corps durs, une ouate qui en adoucirait les angles. Cette atmosphère a une importance considérable dans la vie du Cosmos. On la retrouve partout où est la Vie, car elle est le souffle véritable de la Vie elle-même. Si, comme c'est probable, cette atmosphère est nécessaire à la respiration de tous les êtres, elle doit servir aussi à limiter tous les êtres et tous les mondes qui se meuvent dans l'espace. A ce titre, nous pouvons donc bien la considérer comme n'étant rien de moins que le *souffle divin.* Il y aurait, selon nous, autant d'atmosphères qu'il y a de mondes vivants dans le Cosmos. Mais pour être unique, tout en étant multiple (car chaque monde a le sien propre), l'ensemble des diverses atmosphères constitue une harmonie complète. Cependant nous ne donnons cette explication qu'à titre d'hypothèse. Nous la croyons juste; mais ce n'est encore pour nous qu'une hypothèse, qui nous paraît pourtant justifiable par des raisons qu'il serait trop long de faire valoir. Rappelons seulement qu'elle se retrouve dans la religion égyptienne, et paraît remonter à la plus haute antiquité. Le grand dieu égyptien Hammon était représenté comme *le dieu des Souffles*, et, par conséquent, comme *la source même de la Vie*. Ce titre ne saurait être dénié à l'Être universel, qui contient tous les êtres et leur donne la vie et le mouvement.

VI

PERSONNALITÉ DIVINE

CHAPITRE VI

PERSONNALITÉ DIVINE

I. — Après avoir donné, avec les plus anciennes traditions, le mot ÊTRE comme l'équivalent du mot DIEU, nous avons ajouté que pour embrasser l'*Etre* dans son intégralité et s'en faire une idée juste et adéquate, il faut le concevoir dans son unité universelle, dans sa permanence et sa plénitude.

Aussitôt après avoir affirmé ainsi *Dieu* comme l'*Unité universelle*, nous avons posé l'Univers multiple comme sa représentation objective en disant que « s'il convient de distinguer Dieu de l'Univers matériel qui le manifeste, il ne faut pas songer à l'en séparer. L'Être total (invisible), avons-nous dit, conçu par la pensée, et l'Univers pris pour l'ensemble des choses qui tombent sous les sens, ne sont que les deux aspects de la réalité et comme les deux côtés d'une même médaille. »

Mais la médaille a trois côtés : la face, le revers et le cordon formé par l'épaisseur du métal. De même l'Être possède trois aspects, tous trois également nécessaires et indispensables : voilà ce que les théologiens n'ont pas remarqué et ce qui les a empêchés, au moins depuis dix-huit siècles, de comprendre l'Être dans son admirable et indivisible trinité. Ils l'ont adorée cette trinité sans la comprendre, dans la triple hypostase chrétienne, dont ils ont fait sottement ou criminellement trois personnes divines : le *Père*, le *Fils*, le *Saint-Esprit*. Et depuis quinze siècles, depuis le Concile de Nicée, la piété populaire mâche à vide ces trois chimériques abstractions, et durant quinze siècles, l'on a proscrit, torturé, brûlé, massacré tous ceux dont la raison répugnait à cette fade et indigeste nourriture spirituelle !

Tous les gens qui raisonnent, savants et philosophes, sont d'accord sur ce point que l'homme — comme, du reste, toute individualité vivante — peut être considéré au double point de vue du subjectif et de l'objectif, ou sous le double aspect du *Moi* et du *Non-Moi*. Nous appliquons la même règle à Dieu, par cette raison bien simple que toute qualité propre aux êtres particuliers doit se retrouver dans l'Être universel. Notre pensée sur ce point est suffisamment mise en évidence par l'appellation de « *Moi conscient* de l'Univers » que nous donnons à l'Unité divine. Si Dieu est le *Moi* conscient de l'Univers, l'Univers, pris pour l'ensemble des choses visibles est donc le *Non-Moi* de Dieu. Et cela, au même titre que le corps de l'homme, cet organisme qui, en se renouvelant sans cesse par l'assimilation et l'élimination de ses molécules et reproduisant constamment la forme, la figure, l'image de son Moi dans son incessant *devenir*, représente son objectivité, sa vie extérieure, son *Non-Moi*, durant sa trajectoire terrestre.

Voilà qui est bien. Mais le *Moi* et le *Non-Moi* sont-ils tout l'Être? Non, il faut tenir compte d'un troisième aspect, trop méconnu jusqu'ici et absolument indispensable. Ce troisième aspect, qu'il convient de distinguer du *sujet* et de l'*objet*, du *Moi* et du *Non-Moi*, c'est le rapport qui tient à la fois des deux autres termes et les fait communier ensemble dans l'unité dynamique d'une raison qui est la loi de chaque être conscient ou inconscient et se possède, pleine et parfaite, dans l'autonomie vivante et consciente de l'Univers.

Ainsi, qu'on nous comprenne bien! De même que l'étendue, ou ce qu'on appelle *la matière*, a trois dimensions, *longueur*, *largeur*, *épaisseur* (en hauteur ou en profondeur), de même l'être possède trois aspects ou trois attributs essentiels. Nous les reconnaissons à l'Être universel, parce que nous les avons constatés dans les êtres particuliers, et ces trois attributs que l'on peut considérer comme les éléments constitutifs de l'existence, et sans lesquels aucun être distinct ne saurait exister ou être compris, dans son intégralité, par notre entendement, c'est *le Moi*, *le Non-Moi* et *le Rapport*, ou plus exactement, *la Loi* qui, en régissant toutes les forces de l'être, ramène tous ses rapports à l'Unité. Chaque être se trouve ainsi considéré comme ayant sa loi propre et, par conséquent, son rhythme, son dynamisme, son principe de mouvement qui, en reliant l'individu aux lois et au dynamisme de l'espèce, le rattache au dynamisme vital de la terre et du soleil, à tout le système, et par celui-ci, à l'ensemble de l'Univers. L'harmonie du monde est à ce prix. Ajoutons que l'Être social, l'homme moral, a cela de plus, qu'arrivé à ce point de se posséder dans la souveraineté d'une raison consciente, il peut se connaître, prévoir, vouloir, s'affirmer libre, et responsable de ses actes, dans les limites de sa sphère d'action, qui d'ailleurs s'agrandit à mesure qu'il sait mieux et davantage, et à mesure aussi qu'en s'associant avec ses semblables et se solidarisant avec l'ensemble des choses, il arrive à multiplier les énergies de chacun par la puissance de tous et à commander aux forces de la nature en se soumettant aux lois de l'ordre universel.

Arrivé à ce point de son développement, l'homme social peut véritablement se dire AUTONOME et se répéter à lui-même, et avec bien plus de raison que le César romain, ce vers que Corneille a mis dans la bouche d'Auguste (dans la tragédie de *Cinna*):

> Je suis maître de moi, comme de l'Univers !

A la différence des révélateurs chrétiens, nous ne demandons rien à la foi aveugle. Nous recommandons à tous, au contraire, dans la question de Dieu, comme en toutes choses, l'examen rationnel et le doute philosophique. Nous ne posons pas non plus d'hypothèses. Dieu n'est pas une hypothèse, lorsqu'on l'identifie avec l'Etre qui les contient tous. Si un être quelconque, cet homme, ce cheval, cet arbre, est une réalité, comment l'Etre total, l'Etre des êtres, affirmé dans son unité synthétique, n'en serait-il pas une au même titre ? Il n'est pas une réalité passagère et transitoire ; il est la réalité par excellence, permanente, éternelle, et la source inépuisable de toutes les réalités. Bien plus, comme *Etre total*, Dieu possède toutes les qualités, toutes les puissances de l'*Etre*, avec cette différence qu'il les possède conformément à son essence, à sa nature, qui est l'universalité et la plénitude. Donc Dieu étant la synthèse du tout de l'Univers, nous avons le droit et le devoir de lui reconnaître, en les universalisant et les élevant à la plus haute puissance, toutes les qualités que nous aurons constatées positivement, expérimentalement, à l'état spécial et à un degré quelconque chez les autres êtres particuliers, et cela en vertu de la simple logique qui exige que tout ce qui est donné par l'analyse se retrouve dans la synthèse.

Ainsi en examinant les êtres qui sont autour de nous sur la terre, y compris l'homme lui-même, comme ce qui nous frappe tout d'abord, c'est la vie partout répandue avec ses mille et mille formes toujours renaissantes, nous sommes fondés à l'attribuer également à Dieu et à le dire vivant d'une vie qui, en lui, doit réunir toutes les puissances et avoir le caractère de l'universalité. Dieu est donc la vie universelle au même titre qu'il est l'existence universelle. Il est aussi le dyname ou principe universel de mouvement et, par conséquent, le moteur par excellence, celui qui imprime l'impulsion, maintient l'harmonie et fait concourir tous les dynamismes, tous les mouvements des êtres et des mondes au but voulu par son éternelle Providence. Ce qui nous permet de faire remarquer que nous ne parlons pas autrement que saint Paul lorsqu'il s'écrie : « Nous sommes en Dieu, nous nous mouvons en Dieu, nous vivons en Dieu. *In Deo vivimus et movemur et sumus.* »

L'intelligence et la sensibilité sont aussi deux qualités qu'on doit attribuer à l'Etre total, au titre universel et parfait, puisqu'on les constate expérimentalement dans les êtres qui sont doués de vie et d'un mouvement propre, apparent surtout dans le règne animal. Nous voyons, en effet, ces deux facultés s'élever avec l'échelle de la vie et partir, avec elle, de la sensation obtuse et des instincts aveugles des premières espèces animales pour s'épanouir dans l'espèce humaine en une raison consciente qui se connaît, se possède et où toute la création terrestre vient se résumer et se réfléchir. Si l'intelligence, lorsqu'elle est consciente d'elle-même et embrasse l'être humain tout entier, s'appelle *raison*, nous l'appellerons du même nom là où elle s'affirme dans l'unité universelle. Nous ne ferons que lui reconnaître en plus cette fonction d'universalité et de perfection qui est d'essence divine, et nous dirons de Dieu qu'il est *la Raison universelle* et absolue comme il est *la vie universelle et plénière* et *l'existence dans son infinitude*.

II. — Arrivons maintenant à la qualité de personne.

C'est dans l'homme doué de conscience et de raison qu'il faut étudier et saisir la personnalité. Elle n'est pas ailleurs sur la terre. Dans les espèces animales inférieures à l'être humain, il y a des individus, il n'y a pas des personnes. Non pas que les animaux n'aient pas d'âme, mais cette âme ne se possède pas comme chez l'homme dans une raison consciente qui, pouvant connaître le bien et le mal et s'affirmer dans son autonomie, est créatrice de son être futur et peut, dans les limites de sa sphère d'activité, introduire du *nouveau* dans le monde et en modifier l'état en vue d'un but à atteindre.

L'universalité, qui est la fonction divine par excellence, s'applique à la qualité de personne comme à la vie, comme au mouvement, comme à la raison. Il y a une personnalité universelle, une raison universelle et un principe universel de mouvement.

Nous avons proclamé la personnalité divine, lorsque nous avons nommé Dieu le *Mot conscient* de l'Univers. Notre concept de l'Être nous en donne le droit et nous ne croyons pas qu'il soit possible à l'homme d'établir des rapports avec le divin, si Dieu ne possède pas, quoique à un degré infiniment plus élevé et adéquat à la perfection, toutes les qualités de l'homme physique, sensible, intellectuel et moral.

La seule objection que l'on puisse faire à notre affirmation de la personnalité divine est celle-ci : « N'est-il pas contradictoire de poser Dieu comme l'être universel et de lui donner en même temps l'attribut de personne qui suppose la forme et la limite ? » N'avons-nous pas d'ailleurs insisté pour qu'on ne regardât point Dieu comme un être particulier, et ne risquons-nous pas de nous contredire nous-mêmes, lorsque, après l'avoir identifié avec l'existence universelle, nous voulons lui reconnaître, il est vrai, en l'agrandissant jusqu'à la perfection, les qualités de la personne humaine?

Pourvu, répondrons-nous, qu'on n'attribue à

l'Être universel que les facultés humaines qui peuvent s'universaliser, ou ne risque pas d'en faire un être particulier. Nous avons réfuté l'objection relative à la forme, en disant que l'Univers physique, le monde, le cosmos étant le corps de Dieu, il n'y a pas à lui chercher une forme spéciale en dehors de l'Univers qui les a toutes si nous attribuons à Dieu une forme prise dans la multiplicité universelle. Serait-ce la forme humaine, nous briserions, comme a toujours fait le pan-polythéisme antique, le corps de l'*Etre un et total*, pour en adorer un morceau et nous détruirions ainsi la synthèse universelle qui s'affirme dans le Moi conscient de l'Univers.

La philosophie indoue, dès les temps védiques, a condamné cette façon de procéder, qui fut partout celle de l'idolâtrie populaire. Elle s'est servie pour cela d'une comparaison à la portée de tout le monde : « Si vous divisez le char pour en avoir les pièces, il n'y a plus de char. » Et pourtant l'ancien polythéisme, en adorant les membres du grand Être leur laissait au moins la vie ou la leur attribuait, mais que dire de ceux qui après avoir conçu l'Univers comme une machine inerte et sans âme, soumise aux seules forces de la gravitation, cherchent, penchés sur ce cadavre qu'ils ont fait, à s'expliquer les lois de la vie et de la pensée, du sentiment et de la conscience !

S'il est bien entendu que Dieu n'a pas besoin d'être revêtu d'une forme spéciale pour être doué de tous les attributs de la personnalité pourvu que la personnalité divine soit conçue, dans tous ses attributs, comme universelle et comme la loi suprême qui embrasse tous les rapports, ainsi que l'indique le nom que nous aimons à donner à Dieu de « *MOI conscient* » de l'Univers, il est facile de comprendre qu'il n'a pas besoin de limites pour se distinguer de tous les êtres particuliers. Sa fonction d'*être universel*, nécessaire à l'harmonie des mondes et à la communion des êtres le distingue assez de tout ce qui n'est pas LUI.

Cependant nous ne voudrions pas laisser croire que nous accordons à l'Univers matériel et aux êtres qu'il contient le caractère de perfection et d'infinitude qu'ils ne peuvent acquérir qu'en communiant avec l'âme divine dans un long devenir de vie, de travail et de peine. Cette thèse à prouver nous conduirait trop loin et nous obligerait à entrer dans un ordre de considérations transcendentales.

Nous nous bornerons pour aujourd'hui à dire

que nous regardons l'Univers comme *indéfini* dans son développement et dans ses transformations incessantes, mais *fini et limité* en nombre et en étendue, à tous les moments de son perpétuel *devenir*. Ainsi, *actuellement*, le nombre des êtres et des mondes, quoique innombrable en fait, n'est pas infini, pas plus que la quantité de force et de matière. Et il en sera toujours ainsi, à tous les moments du temps et en tous les points de l'espace. Ce qui est infini, c'est l'ÊTRE considéré dans l'Unité universelle, là, où il se possède dans toutes ses puissances de vie, de pensée, de *raison* fécondante et créatrice : Et c'est là Dieu, comme l'a senti l'homme qui de nos jours s'est le plus rapproché de la vérité sur l'âme divine et y a puisé ses plus belles inspirations : (Lamartine, *Chute d'un ange*).

« Dieu, Dieu, Dieu, mer sans bords qui contient tout en elle,
Foyer dont chaque vie est la pâle étincelle,
Bloc dont chaque existence est une humble parcelle,
Qu'il vive sa vie éternelle,
Complète, immense, universelle ;
Qu'il vive à jamais renaissant !
Avant la nature, après elle ;
Qu'il vive et qu'il se renouvelle,
Et que chaque soupir de l'heure qu'il rappelle
Remonte à lui, d'où tout descend !!! »,

III. — L'ignorance et les superstitions populaires, les fables et les mythes incompris, les dogmes absurdes ont si bien obscurci et faussé l'idée de Dieu ; les hommes en faisant Dieu à leur image et lui attribuant leurs passions, leur sottise et leur férocité, ont si bien diffamé et déshonoré son nom ; enfin la critique philosophique, en réduisant l'être parfait à un simple idéal, tandis que le positivisme scientifique le chassait du Cosmos et l'excluait de tout le domaine du *Cognoscible*, ont réduit le rôle de Dieu à si peu de chose, qu'il y a lieu de s'étonner, non pas qu'il y ait de nos jours beaucoup d'athées, mais qu'il n'y en ait pas encore davantage. Du reste, il s'en fait de plus en plus, et l'on voit l'athéisme, sous ses divers noms de matérialisme, de positivisme, d'anarchisme, de nihilisme, de pessimisme, de bouddhisme, se répandre comme une tache d'huile, avec *l'instruction et le progrès des lumières*, et envahir toutes les classes de la société, depuis les savants et les lettrés jusqu'aux masses profondes. Notre civilisation, on ne saurait le méconnaître, roule à l'athéisme et finira par s'y plonger tout entière.

Est-ce pour s'y engloutir et s'y dissoudre ? — Peut-être !

Mais pourquoi, si nous le voulons bien, nous les hommes de bonne volonté, n'obtiendrions-nous pas que ce soit pour s'y recueillir et s'y retremper ?

Comme chez les anciens Grecs, les âmes des morts, avant de renaître à la lumière du jour, devaient laisser dans les eaux du Léthé, avec le souvenir de leur vie passée, les attaches et les souillures de leur ancien corps terrestre, l'Esprit humain, avant d'atteindre aux pures lumières de la raison et de la science, a peut-être besoin de traverser une phase d'athéisme, pour s'y dépouiller des croyances enfantines de son passé religieux, et des fausses notions qu'il s'était faites sur Dieu, sur le monde et le but de la vie.

Quoi qu'il en soit, l'athéisme a envahi tous les domaines de la pensée. Il nous déborde et il ne dépend pas de nous de l'arrêter. Qu'il fasse donc son œuvre utile de critique et de démolition. Quant à nous, notre rôle est tout tracé. Il consiste en ceci : aimer la vérité par dessus toute chose, et la préférer à Dieu même ; car si Dieu n'est pas la vérité, il n'est rien. Mais, comment Dieu, comme nous le comprenons, ne serait-il pas la vérité, quand nous l'identifions avec la Raison, et que nous n'admettons pas qu'il y ait deux Raisons, la Raison humaine et la Raison divine, mais une seule Raison qui est éternelle, parfaite, universelle, et quand nous professons que c'est en communiant sans cesse avec la Raison universelle *qui est Dieu*, que l'Esprit humain est appelé à connaître toutes choses et peut s'élever jusqu'à l'état divin ?

Qu'y a-t-il donc à faire en présence de l'athéisme, de plus en plus envahissant ?

Lui tenir tête en nous plaçant avec lui sur le terrain du rationalisme et de la science, et luttant, soit avec lui, soit contre lui, pour la Raison éternelle jusqu'à ce qu'il soit acquis au débat que le DIEU que nous servons est identique à cette même RAISON, au nom de laquelle les écoles athées le proscrivent, le haïssent, le nient ou le combattent.

Il est des gens qui nous reprochent de faire œuvre de poète, lorsque nous parlons de Dieu, comme étant à la fois le DYNAME universel où l'âme du monde, la LOI SYNTHÉTIQUE, qui embrasse tous les rapports pour les *unifier en les universalisant*, et enfin le MOI CONSCIENT de l'Univers, c'est-à-dire la *Raison directrice et parfaite*, *où l'Univers se connaît, se possède et se réfléchit dans son unité éternelle, dans son perpétuel devenir et dans son infinitude de temps et d'espace.*

Et cependant de tous ces termes, il n'en est pas un seul qui n'exprime un attribut réel de Dieu, conçu comme l'ÊTRE élevé à la plus haute puissance, et ne représente une fonction nécessaire à l'universelle harmonie !

Parmi les fonctions diverses les plus nécessaires à l'universelle harmonie, il en est une qui se trouve à la fois dans le cosmos et dans chaque être humain doué de conscience et de raison. Le dieu des Souffles, chez les Egyptiens, sous le nom d'Hammon-Ra, avait cette signification suprême de représenter l'harmonie du monde, en même temps que la limite réciproque et pondérée des souffles. Le dynamo universel, pris ainsi pour l'âme du monde, était aussi la loi synthétique embrassant tous les rapports pour les concilier dans l'unité d'une Raison parfaite. Ce que les Egyptiens faisaient pour le Cosmos, on l'a fait pour chaque homme en particulier, en distribuant, sous le nom de *Périsprit*, cette atmosphère qui sépare l'esprit et la matière, tout en reconnaissant, à ces deux éléments, le rôle qui leur convient, celui d'actif et de passif, se faisant équilibre l'un à l'autre dans le jeu des forces éternelles. C'est maintenant sous ce point de vue nouveau que nous allons examiner la question de la personnalité divine.

VII

RÉALITÉ DE LA PERSONNALITÉ DIVINE

CHAPITRE VII

RÉALITÉ DE LA PERSONNALITÉ DIVINE

Je considère assurément le philosophe Allan Kardec comme un des esprits les plus droits et les plus sincères qui puissent se rencontrer, et je l'honore comme l'un des grands bienfaiteurs de l'humanité, non pas seulement pour avoir été le législateur du spiritisme moderne, mais pour avoir enseigné au peuple et mis à la portée de tout le monde, ignorants et savants, la philosophie *du bon sens* et *de la raison*.

D'accord sur tous les points essentiels avec l'auteur de la *Genèse selon le Spiritisme* (qui est le dernier de ses ouvrages et le plus personnel, car il y fait peu parler les esprits), je regrettais de différer avec lui sur la question de Dieu, qu'il a du reste négligé d'approfondir, je me rappelais certains passages de ses écrits, où il semblait parler de Dieu, comme en parlent les miraculistes et les déistes mécanicistes, qui en font un être particulier, extérieur au monde et séparé depuis la création de son ouvrage, comme l'ouvrier l'est de l'œuvre sortie de ses mains. Il se trouve bien, en effet, même dans sa *Genèse* une comparaison de ce genre. Il est encore question de l'*horloge* et de l'*horloger*, dont Voltaire a tant abusé pour prouver la nécessité d'une cause première intelligente. La cause intelligente existe, mais le monde, quoique marquant fort bien les heures, n'est pas une horloge, et Dieu est bien autre chose qu'un horloger. Ces sortes de comparaisons, quoique justes au fond, sont dangereuses, parce que les gens les prennent à la lettre, en conservent l'image dans leur pensée et s'habituent à se représenter Dieu sous la forme d'un homme qui a fabriqué ou pétri le monde de ses mains, et à ne voir dans le monde qu'une machine inerte et sans âme. Déjà la Bible des Juifs ne nous avait que trop laissé dans l'esprit avec ses fables de la *Genèse* et ses traditions enfantines, cette grossière impression de la divinité. Ce sont les mythes religieux incompris et les fausses notions anthropomorphiques qui, après avoir suscité, durant les siècles de foi, tant de superstitieux et de fanatiques, font aujourd'hui tant d'athées et de matérialistes !

Combien Allan Kardec est mieux inspiré, lorsqu'il se borne à poser cet axiome irréfutable : « *tout effet intelligent doit avoir une cause intelligente!* »

C'est là le roc. Il faut s'y tenir. Ce principe, évident par lui-même, s'applique aux œuvres de Dieu comme aux manifestations venues d'outre-tombe. On ne l'a jamais réfuté. On ne le réfutera jamais.

Jusqu'à ces derniers temps, j'avais pensé, jugeant sur l'apparence, que Allan Kardec acceptait le Dieu extérieur au monde et n'avait pas compris la nécessité d'un instrument de rapport entre le monde et Dieu. Je me trompais. Une lecture plus attentive de ses ouvrages m'a ouvert les yeux. Allan Kardec a formellement établi ce rapport nécessaire entre l'effet et sa cause, l'effet étant visible ou accessible à nos sens de quelque façon, la cause ne l'étant pas. Il y a été conduit logiquement par l'analogie, en appliquant à l'être universel et parfait la théorie du périsprit, qui lui a servi à expliquer le *comment* des phénomènes spirites, c'est-à-dire la façon dont s'exercent les relations sensibles des vivants avec les morts, ou plus exactement — car ceux qu'on appelle improprement les *morts* ne sont pas moins vivants que vous et moi — les rapports entre les êtres revêtus de leurs corps terrestres et ceux qui s'en sont dépouillés, et qu'on appelle des

Esprits. On peut lire à cet égard tout le chapitre II de la *Genèse selon le spiritisme*, mais déjà dans son livre des *Médiums*. Allan Kardec s'en était expliqué très catégoriquement, d'abord dans son vocabulaire spirite au mot *Périsprit*, ensuite au chapitre IV de la seconde partie. J'en citerai seulement ce passage où l'auteur, après quelques explications préliminaires, écrit ceci : « Ces explications sont claires, catégoriques et sans ambiguïté. Il en ressort ce point capital que le fluide universel, dans lequel réside le principe de la vie, est l'agent principal de ces manifestations, et que *cet agent reçoit son impulsion de l'Esprit*, que celui-ci soit incarné ou errant (désincarné). Ce fluide condensé constitue le Périsprit ou enveloppe semi-matérielle de l'Esprit. Dans l'état d'incarnation, le périsprit est uni à la matière du corps ; dans l'état d'erraticité, il est libre. » Et quelques lignes plus haut (page 171 de l'édition de 1871) : « Le fluide universel est le même dans tous les globes, mais plus ou moins éthéré, plus ou moins matériel, selon la nature des globes. Liaison de l'esprit à la matière, c'est lui qui donne la vie aux êtres organiques. Il est la source de la vie et ce qu'on appelle le *principe vital*. » Mais lorsqu'il est demandé « si ce fluide universel, source de la vie, est en même temps la source de l'intelligence? — Non, est-il répondu, ce fluide n'anime que la matière. »

Ainsi, qu'on ne perde pas la chose de vue ! L'*Esprit* ici est bien distingué du *Périsprit*, soit que Allan Kardec fasse de celui-ci la forme même de l'âme, soit qu'il l'identifie avec le fluide universel ou principe vital, distinguant alors, comme nous le faisons nous-même, le principe vital de l'âme raisonnable, Moi conscient ou Raison consciente, qu'il s'agisse de l'homme ou qu'il s'agisse de Dieu.

Nous pensons que si le mot *périsprit* inventé par Allan Kardec est légitime pour désigner la forme psychique de l'être humain privé de son corps terrestre et passé à l'état d'*Esprit*, il est peu exact et inutile pour désigner le principe vital. Mais pour le moment la question n'est point là, et il me suffit de constater que le Père de la philosophie spirite n'admet pas le Dieu du miracle et du mécanicisme moderne, qu'il rejette le Dieu extérieur au monde et affirme, avec toute la science antique et toutes les religions de l'antiquité, y compris le christianisme évangélique, l'âme universelle, circulant dans tous les êtres, et dans le corps entier de l'Univers. Car, au bout du compte, ce principe vital des spiritualistes modernes, ce fluide universel et *péris-prital* d'Allan Kardec ne sont pas autre chose que ce que j'appelle avec bien d'autres, l'*âme de l'Univers*, qui, dans ma pensée, se confond avec la vie elle-même. Et en parlant ainsi, je suis d'accord avec la tradition religieuse du genre humain : ce qui est à mes yeux, d'un grand intérêt social et une présomption favorable à la correction de ma thèse.

Les mots nous divisent plus que les choses. C'est pourquoi il faut avant tout s'entendre sur les mots. Comment se comprendre, en effet, si l'on ne parle pas la même langue, ainsi qu'il arrive lorqu'on donne aux mêmes mots des acceptions différentes et ne représentant pas une même idée, pour ceux qui en discutent de bonne foi ? A l'instar du mot Dieu, si mal compris de nos jours, le mot âme prête beaucoup au mal entendu. Ce n'est pas une raison pour en changer. A part qu'il est respectable par son antiquité et son universalité, on en trouverait difficilement un meilleur, et d'ailleurs, quel qu'il fût, les hommes, dévoyés comme ils le sont de nos jours, trouveraient bien le moyen de le gâter. Le mot *âme* ayant été pris dans des sens différents, il convient de le définir et de dire quelle est la signification qu'on prétend lui donner. Il en est des mots, comme de toutes choses. Quand on ne s'entend plus, il faut revenir aux principes. Ici les principes sont les racines, les étymologies. Le mot *âme* qui vient de nos pères les Aryas de la Sogdiane ne devait pas signifier autre chose que leur mot *Atma*. Que signifie le mot *Atma?* N'étant point sanscrittiste, je consulte le savant ouvrage d'Adolphe Pictet (1), dont l'autorité est incontestée et j'y trouve que presque tous les noms qui servent à désigner l'âme dans les langues de la famille A.yenne rattachent la notion de l'âme à celle d'un souffle ; mais quelques-uns prouvent que les anciens Aryas déjà ont fort bien distingué l'âme pensante et spirituelle de l'âme physiologique et vitale : distinction importante qui ne se présente guère ailleurs, car, ajoute Pictet, en note, les Hébreux, par exemple, ne l'ont point faite, ainsi *nephesh*, *nshâmâh, mach*, employés en hébreu dérivent tous de la notion de respirer... De même aussi de la racine sanscrite *an*, respirer, dérivent *ana*, souffle et *anila,* vent, mais *ana* désigne plus spécialement le souffle vital... Les langues congénères, qui ont perdu la plupart

(1) Les origines Indo-Européennes ou les Aryas primitifs, 2 vol. gr. in-8°, Paris, 1850.

la racine verbale offrent plusieurs corrélatifs des dérivés, au matériel comme au spirituel. Ainsi en grec, ἄνεμος, souffle, vent ; le latin *anima*, *animans*, *animal*, peut-être aussi *inanis*, vain, vuide, c'est-à-dire sans souffle, sans vie, comme *inanimus*. »

Qu'on me pardonne cette facile érudition empruntée à un maître en linguistique. Je n'en abuserai pas et regarderai le fait comme suffisamment justifié. Il faut bien cependant que j'ajoute que le mot grec *pneuma* (de πνεω, je respire) et le latin *spiritus* (de *spirare*, respirer) ont exactement la même signification, et n'en ont pas moins servi à qualifier le *Saint-Esprit*, comme âme divine dans l'hypostase symbolique de la Trinité chrétienne. Quant au terme grec « psyché » (ψυχή) qui veut dire souffle, vie et *papillon*, c'est un trop charmant emblème de l'âme corporifiée pour qu'on puisse méconnaître sa double acception et sa double nature.

On semble proposer, dans certaine école, de remplacer le mot « âme » par le mot « *atma* ». Je n'en vois pas pour mon compte la nécessité. Si c'est dans une pensée de conciliation, rien n'est plus louable. Mais ce n'est pas avec des mots que l'on concilie les esprits. Un mot nouveau ne fait le plus souvent que créer une secte nouvelle et augmenter la confusion. Elle n'est que trop grande à notre époque, où, à force de forger des mots et de s'en servir à tort et à travers, et sans, au préalable, en avoir déterminé le sens, nous en sommes arrivés à cette confusion du langage, si bien caractérisée dans le récit biblique par la *Tour de Babel.*

Notre mot *âme* n'étant autre que le mot *atma*, on ne dit rien de plus en employant ce dernier. De même qu'en se disant *atmiste*, pour dire qu'on croit à l'*âme*, on n'exprime pas d'autre idée que celle donnée par l'ajectif *animiste*. Seulement, on parle sanscrit, au lieu de parler français : ce qui n'est pas précisément le moyen de s'entendre avec beaucoup de monde. Il sont bien une douzaine en France qui connaissent cette grande et noble langue, la mère du grec, du latin, du français, de l'allemand, etc. Il est très regrettable qu'il en soit ainsi. Pour moi, je désirerais que le sanscrit fût enseigné dans les collèges, même de préférence au latin et au grec. Je voudrais qu'il y fût enseigné, ainsi que l'hébreu, à travers toutes les classes, dans un cours de linguistique où l'on établirait la filiation des langues, de façon à donner à chaque élève des notions générales sur les étymologies et les formes du langage qui permissent à chaque élève de diriger ses études vers telle ou telle série philologique. C'est ainsi qu'on créerait des spécialistes véritablement savants et philosophes. Il faudrait pour cela réformer d'une façon rationnelle la vieille méthode scholastique et comprendre que chaque homme doit avoir des *clartés de tout* quand il entre dans la vie active. Au lieu donc de ce long, inutile et fastidieux enseignement du latin qui prend six ou sept années aux élèves, il conviendrait de ne leur enseigner du latin et du grec, comme du sanscrit et de l'hébreu, que ce qu'il en faut pour connaître les étymologies et avoir la clé du génie des langues. Il faudrait faire de même pour toutes les connaissances humaines. Ainsi les années de collège seraient consacrées à inculquer aux élèves les principes, les éléments de toutes les sciences-mères, soit naturelles, soit morales et sociales, soit mathématiques. Ce n'est qu'après avoir tous acquis, filles ou garçons, le capital intellectuel nécessaire, de nos jours, à toute personne humaine, que chaque élève choisirait sa profession. Il le ferait alors en connaissance de cause. Mais il ne faudrait pas oublier dans ce plan d'éducation, la plus importante de toutes les sciences et la plus négligée jusqu'ici, celle du *savoir-vivre*, j'entends l'art de se conduire dignement, sagement, honnêtement parmi les hommes, de façon à n'être ni mangeur ni mangé, ni dupe ni fripon et à se conserver pur et sain de corps, d'âme et d'esprit, pour son être futur, pour sa famille à fonder, pour sa patrie à défendre et pour l'humanité, dont nous avons le corps à construire, en l'affranchissant de ses infirmités, de ses ignorances et de toutes ses souillures, car nous sommes tous membres les uns des autres et nous ne pouvons rien faire contre l'humanité qui ne nous atteigne nous-mêmes dans le présent ou dans l'avenir. — Voilà, du moins, ce que nous apprend le Spiritisme en nous apportant la preuve de nos renaissances successives au sein de notre commune humanité terrestre.

Je reviens à mon sujet dont je me suis un instant écarté. Je voulais établir qu'un mot nouveau ne nous est pas nécessaire pour caractériser l'âme et le système qui affirme son existence, soit dans l'homme, soit dans l'Univers. Le mot *atmisme* n'est rien de plus que le mot « Animisme » qui, pour avoir passé par le latin, n'a rien perdu de sa valeur. L'Animisme est le nom générique de toute théorie, de toute croyance, de toute conception générale qui affirme la vie et la spiritualité. Il comprend à la fois le principe vital et le moi conscient et exprime fort bien leur union dans l'esprit humain comme dans l'âme divine. Il a l'avantage de nous rattacher à la fois à l'Arie du Védisme et du Mazdéisme, aux Indous du Brahmanisme comme aux Persans de Zoroastre, aux Grecs comme aux Latins, en un mot, à tous les grands systèmes religieux ou philosophiques de l'antiquité et même du Moyen-Age catholique, car ce qui est ancien, ce n'est pas le matérialisme et le mécanicisme, ce qui est ancien est conforme à la tradition ininterrompue de l'esprit humain, c'est la croyance à la vie de l'univers et à la spiritualité de l'âme humaine. Ces deux fois sont corrélatives et inséparables l'une de l'autre. S'il n'y a pas une âme universelle, il n'y a pas d'âme particulière, et comment l'homme serait-il immortel, si l'univers ne l'était pas ?

Il existe certaine science qui se montre au moins aussi exclusive et intolérante que l'Eglise. Celle-ci avait ses dogmes sacro-saints. Celle-là a ses formules mathématiques qui n'appartiennent pas moins à l'absolu que les dogmes révélés Cette part d'absolu, que les sciences d'ordre physique empruntent aux mathématiques, fait trop croire à leur infaillibilité. On oublie que si les axiomes, les théorèmes, les équations de la géométrie et de l'algèbre, sont incontestables, l'application qu'on en fait peut bien souvent être erronée. On parle beaucoup des progrès de la science. Elle en fait sans doute, mais elle ne progresse qu'en se rectifiant sans cesse. — Et c'est là ce qui fait sa force et fera son salut, au contraire des religions qui se meurent, toutes, pour s'être condamnées, par leurs prétentions supranaturalistes, à une infaillible immobilité. — Cependant, si la science ne progresse qu'en se rectifiant, c'est qu'elle reconnaît s'être trompée jusque-là. Or, si elle se trompait hier, il faut bien admettre qu'elle peut se tromper encore aujourd'hui. On peut donc espérer que la science de demain sera supérieure à celle de la veille, et toujours ainsi.

Il en serait ainsi, en effet, s'il n'y avait pas une science officielle qui, installée dans les académies, et maîtresse de l'enseignement, se perpétue dans l'opinion publique en se transmettant de génération en génération. Ce sont là, sans compter l'Église, des obstacles et des causes d'attardement. Ils ne suffiront pas de nos jours à intercepter la lumière : le progrès se fera. Mais il se fera à condition que nous y travaillerons. Qui, nous ? Les hérésiarques de la science. Des hérétiques, en science? Mais oui, il y en a, et beaucoup, et il s'en fait tous les jours...

Le métier d'hérétique n'est pas toujours commode. Jadis on les brûlait. On ne brûle plus. On ne les persécute même pas. On les néglige, on les dédaigne, on les oublie ; on désire seulement qu'ils ne soient rien, pas même académiciens. Demandez à Flammarion !

Les hérésiarques de la science sont presque toujours des précurseurs. A part quelques fous, ils n'ont généralement d'autre tort que d'être en avant de leur époque.

De nos jours, on est hérétique en science comme, du reste, en religion lorsqu'on n'est pas *mécanicisté*.

Etre *mécanicisté*, en religion, c'est croire à la Création faite à un moment donné par un Dieu extérieur au monde, comme l'ouvrier l'est au chef-d'œuvre d'horlogerie sorti de ses mains. La Création de la Genèse Moïsiaque, prise à la lettre, est dans ce cas.

Etre *mécaniciste*, en science, c'est considérer l'univers comme une immense machine sans âme, faite de force et de matière ou de matière et de mouvement, et obéissant aux lois aveugles de l'attraction universelle. En s'appuyant sur la *mécanique céleste*, on prétend ainsi tout expliquer, même la vie, même la raison et aussi l'âme humaine, qui ne serait elle-même que la résultante des forces physiques et des propriétés de la matière. Et non seulement les physiciens et les géomètres de l'astronomie professent ce mécanisme universel, mais aussi les autres orthodoxes de la science, naturalistes, chimistes, biologistes et la plupart des médecins.

On le voit, la religion et la science ont une même orthodoxie. L'une et l'autre ont cela de commun de concevoir le monde comme une machine et de placer le principe de son mouvement et de sa direction en dehors des êtres qui le constituent.

La grande hérésie de notre époque, se mettant en opposition, à la fois avec la science officielle et avec la religion orthodoxe (comme aussi avec le Déisme voltairien) affirme, au contraire, l'*univers vivant et l'âme universelle*, c'est-à-dire l'immanence du divin dans le monde.

Sont donc hérétiques, à la fois, en science et en religion, ceux qui professent, par exemple, comme Fontenelle que « *la vie est partout* », ou, avec M. Flammarion, que Dieu est immanent dans la nature (1), ou même qui se contentent de répéter avec saint Paul que nous vivons en Dieu, que nous nous mouvons en Dieu, que nous sommes en Dieu », et qui, bien entendu, acceptent les conséquences logiques de cet aphorisme philosophique, car les chrétiens des diverses communions le répètent sans en comprendre la portée et sans s'apercevoir que, Dieu étant ainsi compris, il ne reste plus de place pour le miracle.

Cependant, ceux qui s'en tiennent à l'immanence ou à l'âme divine répandue dans le monde risquent fort de glisser dans le panthéisme et de là dans toutes les idolâtries polythéistes, s'ils ne s'élèvent pas à la notion de l'Unité suprême embrassant tous les rapports pour les harmoniser et s'affir-

(1) On connaît le beau livre de M. Flammarion intitulé : « *Dieu dans la nature.* » C'est ce qu'il a fait de mieux et ce qu'on lui a pardonné le moins. Ce n'est point *parce qu'il fut spirite* qu'on n'a *point pensé à lui*, c'est parce qu'il a montré Dieu dans l'univers et a rendu ainsi la vie au monde.

mant dans l'autonomie d'une raison consciente, éternelle, universelle. C'est là Dieu. Dieu, compris ainsi, ne se confond pas avec le monde, mais, pour être distinct, il n'en est pas séparé. Il est au monde ce que notre âme, arrivée dans l'homme à se posséder dans son unité totale, est à notre moi conscient. Il est la raison vivante et consciente de l'Univers.

En se plaçant à ce point de vue qui embrasse l'Etre dans sa triple hypostase de sujet et d'objet et aussi de rapport ou de loi unissant les deux autres termes, le monde, l'univers est réellement *le corps de Dieu* et mérite bien le nom de grand organisme que nous lui donnons par analogie avec notre propre organisme. L'Être des êtres, accessible ainsi à toutes les intelligences, possède, lui aussi, un corps organisé. Ce corps est animé par une âme vivante qui circule dans toutes ses parties et en solidarise tous les atômes, tous les organes, tous les êtres distincts, qu'ils soient individuels ou collectifs, et cette âme qui se différencie en puissance, en forme, avec des degrés si divers, n'est complète, parfaite et vraiment divine que là où elle se possède dans son unité universelle. C'est là pour l'*Univers* le *Moi conscient* où tout vient aboutir pour concourir, *au sein de l'éternelle harmonie,* à l'œuvre d'universalisation qui est la fonction divine par excellence.

Maintenant Dieu, ainsi expliqué, est-il personnel ?

La question est puérile, si l'on accepte la définition qui précède. Ayant admis l'âme universelle et consenti à nommer Dieu le *Moi conscient de l'Univers*, on lui a reconnu, du même coup, *la personnalité.* S'affirmer dans son unité autonome, distinguer ainsi son *ipséité* de tout le reste, s'y posséder, s'y connaître, s'y réfléchir, tels sont les caractères de l'être doué de raison et de conscience. Ces qualités sont propres à l'être humain et le distinguent de tous les êtres qui lui sont inférieurs. De qui les tient-il, si ce n'est d'êtres supérieurs à lui? Mais je ne peux faire autrement que de les attribuer à celui qui me représente l'existence dans sa plénitude, la synthèse ultime et la plus compréhensive de toutes les lois, celle qui embrasse tous les rapports. Ne connaissant rien de plus élevé dans la série des êtres terrestres que la *personnalité consciente* telle que je la constate chez l'homme, je l'attribue logiquement à l'idéal de toutes les perfections. C'est mon droit et c'est mon devoir.

J'entends mon devoir de logicien, comme plus tard, s'il m'arrive de découvrir, dans un milieu supérieur au milieu terrestre, des êtres mieux doués que l'espèce humaine, possédant des qualités qui me sont actuellement inconnues et dont je ne me fais aucune idée, eh bien! ces qualités, j'en ferai l'honneur encore à Dieu, et toujours ainsi, parce que tout ce que je trouverai dans un être quelconque de qualités susceptibles de s'*universaliser*, je les dirai divines, parfaites, et je ne ferai, en raisonnant ainsi, que restituer à la synthèse ontologique *du tout* ce que l'analyse des êtres m'aura donné.

Mais, nous dit-on, la personnalité comme l'individualité ne nous est connue que limitée dans des formes distinctes, n'y a-t-il pas contradiction à l'attribuer à l'*Etre universel?*

Nous répondons en montrant Dieu dans le monde et nous demandons si tous ces êtres, tous ces mondes, toutes ces manifestations formelles, matérielles, toujours variées et toujours nouvelles, par lesquelles la pensée divine se manifeste dans la création éternelle — car la création n'a jamais eu de commencement et n'aura jamais de fin! — Si toute cette nature et cette vie exubérante, sur la terre comme au ciel, si tous ces êtres, tous ces corps distincts et innombrables, ne suffisent pas à lui faire reconnaître, confesser et proclamer la corporéité de l'*Etre des êtres ?*

Quant à sa limitation, est-ce que l'Etre universel ne se définit pas lui-même en s'objectivant dans les formes finies, distinctes, déterminées des êtres et des mondes qui, se limitant les uns les autres dans leur expansion animique, se font mutuellement équilibre, chacun d'eux ayant à arrêter nécessairement sa sphère d'action là où commence la sphère d'autrui.

Mais toutes ces forces, toutes ces activités qui constituent nos moyens de rapports ne sont pas de simples phénomènes. Ce sont des lois. Toutes les forces ont leurs lois. Cherchez donc la loi derrière le phénomène. Si elle y est, elle se manifestera et vous aurez la certitude. Tout ce qui se meut de soi-même, *proprio motu*, vous dénonce *la loi et les lois* qui président à vos rapports. Ne les prenez donc pas pour de vaines entités métaphysiques. Parce que vous ne voyez pas la vapeur qui fait tourner la machine, allez-vous méconnaître le moteur qui crée le mouvement caché dans ses entrailles ?

Au lieu de *sphère d'action*, mettez *liberté*, et vous aurez le secret de l'ordre universel, au sein des sociétés humaines : la liberté de chaque citoyen limitée par la liberté d'autrui. Telle est la loi éternelle, que l'ordre social doit s'appliquer à réaliser de plus en plus, en amortissant tout gouvernement extérieur.

Certes, les mondes dans l'espace, les corps célestes, les âmes de nébuleuses, sont innombrables dans les cieux, comme les êtres et les germes d'êtres sont innombrables sur la terre, et j'affirme ceci en quoi nul ne me démentira, que, à chaque instant du temps, la quantité des êtres manifestés dans une forme finie, délimitée, est finie aussi et délimitée : ce qui revient à dire que le monde physique, l'univers matériel est toujours borné dans le temps et dans l'espace. Seulement ce qui n'est pas borné, c'est le *devenir*, c'est le *processus* de la puissance créatrice ; cette puissance est infinie, illimitée, par rapport au temps comme à l'espace. Ainsi le caractère de l'*être* est à la fois fini et indéfini ; fini dans ses formes multiples, dans ses manifestations plus ou moins matérielles, indéfini dans son développement, toujours changeant, toujours nouveau et infini dans l'*Unité immuable* de son autonomie.

Ce que je viens de dire de l'Etre parfait, je le dis aussi de l'Etre perfectible, de l'homme fait à l'image de Dieu, et doué, comme lui, d'une âme immortelle, se possédant, libre et responsable de ses actes, dans l'autonomie d'une raison consciente, en communion toujours possible, toujours réalisable avec l'âme divine, au sein de l'universelle et vivante harmonie des êtres et des mondes.

Un mot encore et j'ai fini.

Comment douterais-je de la personnalité divine, dans le *Plérôme*, dans l'être complet (*Un et Tout*, ἓν καὶ πᾶν, comme disaient les Alexandrins) lorsque je me sens, *Moi*, si incomplet, mais toujours perfectible, devenir de plus en plus universel, c'est-à-dire multipliant de plus en plus mes rapports et les étendant à un plus grand nombre d'objets! Si en éclairant mon esprit, améliorant mon cœur, aimant davantage les hommes, alors que j'apprends à les mieux connaître, si, dis-je, je vois, je sais, je sens que je m'*universalise* en m'instruisant tous les jours et m'appliquant à devenir meilleur, comment pourrais-je croire qu'il y a contradiction en Dieu, entre la qualité de personne consciente et la fonction de l'universel. Mais ce sont là deux caractères inéluctables de la Raison. Il n'y a raison que là où il y a conscience. Ces deux mots inséparables l'un de l'autre ont tous deux la même signification. La Raison c'est l'intelligence qui se connaît, qui se possède et se réfléchit dans l'unité. Elle est de même nature chez tous les êtres qui, dans leur marche vers la perfection et la plénitude, sont arrivés à ce degré de développement où se trouve notre humanité terrestre. Il n'y a pas une raison humaine et une raison divine, il y a la raison : Des différences de degrés, tant qu'on voudra, — je n'ai pas compté ceux de l'échelle de Jacob ! — Mais des différences de nature, il n'y en a point. Il ne peut pas y en avoir. Il faut que deux et deux fassent quatre partout, dans tous les mondes, ceux des corps comme ceux des esprits, sur toutes les terres du ciel, dans tous les soleils et tous les astres, comme au sein de leurs atmosphères et dans les champs d'azur de l'immensité. Et il faut aussi que nous soyons en rapport avec cette raison divine et il faut que cette communion de l'âme humaine avec l'âme divine se fasse d'une façon consciente de part et d'autre, et cela instantanément, en tout temps, en tout lieu. Et comment pourrais-je me sentir en relation avec l'âme divine, si elle n'était, comme est mon âme pour mon corps, répandue partout dans l'immense organisme de l'univers et si les soupirs de mon amour et les ébranlements de mes douleurs ou de mes joies n'avaient pas le pouvoir de faire vibrer les molécules d'éther qui pénètrent mon âme et l'unissent à l'âme de l'Univers ? Ce n'est pas tout. Il faut que cette âme ait un *moi*, sensible comme je le suis moi-même, un moi conscient, un moi juste et bon, un moi infiniment puissant et absolument parfait pour que je puisse puiser en lui, par la seule communion du sentiment et de la pensée, tout ce dont j'ai besoin pour m'améliorer, me relever de mes chutes, me consoler de mes misères et me sauver *moi-même* du mal, du vice et de la mort !

Toutes ces perfections, que j'attribue à l'Idéal divin, sont vraies parce qu'elles sont nécessaires à l'harmonie des mondes et à l'ascension des êtres.

Le Moi divin de l'Univers, immanent partout par son âme vivante, ou son Esprit, est la réalité par excellence. Ce n'est pas un être particulier. C'est l'Etre ou l'existence comprise là où elle s'affirme dans son unité éternelle, complète, universelle. L'être, qu'il soit plus ou moins collectif, plus ou moins individuel, plus ou moins personnel, ne peut s'affirmer dans sa liberté, dans son identité et dans la plénitude de ses moyens que s'il est en même temps vie et intelligence consciente, c'est-à-dire *Raison autonome. Le Moi conscient* de l'Univers a plus que tout autre droit à *l'autonomie*. Si l'Etre existant par lui-même (*Swayambuva*, comme disaient nos pères les Aryas) n'était pas *sa loi à lui-même*, qui le serait ? Dieu est donc *la loi des lois*, parce qu'il embrasse tous les rapports comme il est *l'être des êtres*, parce qu'il unit en lui toutes les qualités essentielles ou susceptibles d'être universalisées — car il n'y a de divin que ce qui est universel. Il y a donc une vie universelle qui anime l'Univers et une Raison universelle, consciente et autonome qui le dirige. Dire *Moi conscient* ou *Raison consciente*, c'est exprimer la même pensée, celle de l'être s'affirmant dans son autonomie personnelle et parfaitement distincte de tout autre.

Je pourrais arrêter ici cet article sur un sujet inépuisable. On n'a jamais fini de parler sur l'Infini ! On y découvre toujours des qualités nouvelles. — Et il en est une que je dois signaler ici parce qu'elle distingue *l'être parfait* et universel des êtres particuliers et perfectibles. Cette qualité consiste en ceci : C'est que la personnalité divine a cela, qui lui est propre, de représenter *l'idéal de la perfection* au point de vue du Moi et de la personnalité, comme en tout le reste. En effet, le Moi divin de l'Univers étant parfait n'a rien d'égoïste. Sa faculté créatrice est absolument désintéressée. N'ayant plus de progrès à accomplir, *le travailleur éternel* ne travaille que pour les autres êtres, soit au profit de leur devenir indéfiniment renouvelé, soit pour le maintien de la sainte harmonie des choses. C'est l'altruisme dans sa perfection.

J'aurais encore bien des choses à dire sur cette question de la *réalisation des abstractions*, et de la création des *fausses entités*, redoutable pierre d'achoppement de quiconque veut s'embarquer sur l'océan de la philosophie sans s'être au préalable muni de cet *œs triplex*, qui s'appelle une méthode rationnelle. La mathématique n'est pas seule, à coup sûr, responsable des fausses entités. La métaphysique, elle aussi, produit les siennes. Mais cela n'arrive que lorsqu'on abandonne le champ de l'expérience ou qu'on néglige le contrôle de la raison. Et cela arrive surtout à ceux qui se sont crevé l'un ou l'autre œil de l'entendement ; car la métaphysique, c'est l'emploi direct de la raison. Il y faut aussi la leçon des sens, avec les lumières de l'observation et de l'expérience. J'en conviens. Mais encore la Raison est au-dessous de tout. Elle n'abdique jamais.

Il est sans doute plus d'un critique qui me demandera pourquoi, dans le cours d'une démonstration, qui est du domaine de la physique, au lieu de citer saint Paul, comme je le fais, je ne cite pas des noms de savants modernes faisant autorité, Ampère, Faraday, Helmotz, Grove, etc. Je n'ai qu'un mot à répondre : Je cite saint Paul, non pas comme faisant autorité en physique, mais sur la question de Dieu, parce que, initié à la *Gnose* évangélique, il comprenait Dieu à peu près comme je le comprends, tandis que je ne sache pas que nos physiciens modernes s'en soient beaucoup inquiétés jusqu'ici. Quant aux choses de leur compétence, je n'ai jamais négligé de consulter les spécialistes de la Science, et je fais le plus grand cas des savants modernes, qu'ils portent ou ne portent pas l'estampille officielle. C'est à l'un d'eux, GROVE, l'auteur du livre si remarquable de la *Corrélation des forces physiques* que je dois ce que je sais sur cette question. C'est en lisant son livre, en 1857, que j'ai été mis sur la voie de ma conception de l'Univers. Comment ne lui en serais-je pas reconnaissant ? Cependant, déjà à cette époque, j'avais de grands doutes sur la *Conception newtonienne*, et ces doutes, c'est Faraday qui m'avait appris à me les formuler clairement à moi-même. Le savant chimiste disait déjà en ce temps-là : « qu'on » ne s'expliquait pas facilement une force de gra- » vitation *subsistant en elle-même* sans relation » aucune avec les autres forces naturelles et » s'exerçant sans aucune dépendance de la grande » loi de la conservation de la force. » Il ajoutait encore :

« C'est tout aussi invraisemblable que si l'on » prétendait admettre un principe essentiel de gra- » vité et de légèreté. La gravité ne peut être que » le résidu (*residual part*) des autres forces de la » nature, comme Mosotti a essayé de le démontrer. » Il n'est nullement probable qu'elle reste en » dehors des lois qui règlent l'exercice de toutes » les autres forces. » Qu'il me soit permis, en passant, de faire remarquer qu'il n'a jamais été répondu à cette critique de l'éminent chimiste ; la gravitation universelle reste toujours inexpliquée dans ses rapports avec les autres forces physiques.

Pour ma part, je n'ai jamais compris comment, en même temps qu'on faisait de *l'inertie* le principal attribut de la matière, on pouvait donner à cette matière, sous le nom de gravitation, « une » *force attractive*, telle que toutes les particules

» de matière s'attirent mutuellement en raison » directe des masses et en raison inverse du carré » des distances ! » Faraday, non plus, ne la comprenait pas, *cette force attractive*. « Cette idée de » gravitation, disait-il, *qui implique avant tout » une action à distance*, me répugne, comme elle » répugnait à Newton lui-même. » Et il la montrait comme incompatible avec le principe de la conservation de l'énergie et destinée à faire obstacle au progrès scientifique.

Je n'aime pas à parler de moi. Mais depuis que je m'occupe de philosophie, c'est-à-dire depuis une quarantaine d'années, je n'ai jamais négligé de me tenir au courant de *la Science*, j'entends des sciences physiques et naturelles, sachant d'ailleurs que la science de l'homme et de la société (politique, économie, morale, religion, etc.) est inséparable de la science de la nature et de la vie. C'est ainsi que je n'ignore point le livre remarquable et fort instructif de M. Faye (de l'Institut), où ce savant, doublé d'un honnête homme, s'applique à démolir fort gentiment l'hypothèse de Laplace, tout en lui substituant une autre hypothèse qui n'est pas meilleure, parce que l'auteur n'est pas sorti de la donnée mécaniciste et n'a pas songé a faire intervenir la Vie dans le Cosmos. Mais la partie critique du livre reste. Elle est juste, et l'attraction newtonienne ne s'en relèvera pas. Elle aura toujours sa place, sans aucun doute, dans l'explication de l'Univers. Les lois de la chute des Graves ne seront en rien modifiées, mais on comprendra que la gravitation n'est que la force passive de la matière inerte, et l'on reconnaîtra que la virtualité dynamique appartient à la vie, à l'intelligence ; que le principe moteur et directeur est immanent dans les êtres et dans les mondes ; qu'il est actif et non passif comme le principe de la pesanteur matérielle répandu dans tout l'Univers, C'est alors, et seulement alors, que l'esprit humain, maître de lui-même, commencera sciemment à prendre possession de son domaine terrestre et aura retrouvé DIEU.

Dieu n'est pas un individu, un être particulier, bien que les hommes se le soient toujours représenté à leur image et à leur ressemblance. On a dit plaisamment, et avec raison : « Si Dieu a créé l'homme à son image, l'homme le lui a bien rendu. » Il a fait ainsi toujours et depuis longtemps ce que Voltaire, brillant reflet de l'esprit français au XVIIIe siècle, lui conseillait de faire dans son fameux vers :

Si Dieu n'existait pas, il faudrait l'inventer !

Eh bien ! c'est malheureusement ce que les hommes ont toujours fait, au lieu de le chercher là où il est, c'est-à-dire dans l'homme et dans le monde. Et c'est ce qu'on fera toujours toutes les fois qu'on parlera de Dieu, avant de s'être demandé ce que veut dire ce mot et ce qu'il est par rapport à ce que nous connaissons de la réalité des choses. Ainsi, qu'est-il par rapport à vous, je vous le demande, vous qui vous affirmez dans l'*Unité de votre Moi conscient*, comme un corps et comme une âme? Est-il ce qu'il y a en vous de particulier, d'individuel? Est-il ce qui vous est propre? Non, certes ; votre Moi conscient se distingue de tous les autres *Moi* et de tous les êtres particuliers, conscients ou inconscients, comme il se distingue de la terre qui vous a fourni les matériaux dont votre corps est fait, et du soleil et des autres astres et de tous les cieux, bien que la terre et le soleil avec son système et les forces cosmiques de tous les mondes aient contribué à l'avènement, au développement et à la conservation de tout votre être.

Si donc vous voulez comprendre Dieu, ce n'est pas dans ce qui est votre domaine propre et individuel qu'il faut le chercher, c'est dans ce qu'il y a d'*Universel* en vous et dans le monde. Et vous n'arriverez à comprendre l'*Universel* qu'en sortant de l'homme de sensation, qui est encore l'animalité, pour acquérir ce qui distingue l'homme de l'animal, et n'est autre chose que cette raison consciente avec laquelle tout homme vient en ce monde, laquelle n'est pas autre chose que l'intelligence elle-même, mais arrivée à ce degré de lumière et d'instruction où l'homme se connaît, se possède et se réfléchit dans tous ses rapports avec lui-même, avec ses semblables et avec l'ensemble des choses.

Il semble qu'il soit bien difficile d'atteindre un tel résultat.

En effet, ce serait même impossible s'il fallait attendre que nous connussions l'ensemble des choses dans l'indéfini du temps et de l'espace, comme le pensent les positivistes qui se figurent que l'homme ne peut connaître que les phénomènes qui tombent sous les sens. A ce compte, l'homme n'aurait jamais possédé la véritable notion de Dieu. — Or, il l'a possédée. Il ignorerait les lois et les principes éternels, mais il y a eu des civilisations qui se sont fondées d'après cette notion, et nous vivons encore aujourd'hui des richesses morales qu'elles nous ont transmises. Cette notion se retrouve au fond de toutes les grandes conceptions religieuses de l'antiquité, jusques et y compris la Révélation chrétienne, et c'est l'Eglise romaine qui s'est appliquée à en intercepter la tradition pour la confisquer et la détruire, en mettant, comme dit l'Evangile, « la lumière sous le boisseau », de sorte que ceux-là même qui ont commis ce crime contre le Saint-Esprit — le seul, comme avait dit Jésus, qui ne puisse être pardonné — sont rentrés, eux aussi, dans les ténèbres. Ils y sont aujourd'hui plus que les autres...

Si l'homme social a possédé, à un moment donné, la vraie notion de Dieu, pourquoi ne la retrouverait-il pas ?

J'abrège, pour vous dire bien vite qu'elle est retrouvée, que vous la possédez vous-même, quand vous niez toutes les fausses conceptions du passé et qu'il ne vous a manqué *qu'un point*, c'était d'éclairer *la lanterne*, que l'esprit que vous interrogez s'est donné la peine de porter devant vous pour éclairer vos pas. Diogène aussi ne trouvait pas l'*homme* qu'il cherchait, et il avait connu Socrate ! Ce que vous cherchez comme Diogène, c'est l'*Universel*. Vous l'avez en vous à l'état d'Idéal, et vous lui cherchez un modèle sur la terre. Mais cet idéal, que vous portez dans l'âme, vous ne pouvez le réaliser *dans sa perfection* qu'en vous *universalisant* vous-même. « Vous voulez, dites-vous, laisser votre pensée s'abreuver désormais aux sources jaillissantes de l'idéal humain? » Rien de mieux ! Mais c'est là Dieu, dans ses rapports avec l'humanité. Il est *l'Universel* dans l'humanité. Mais il est plus encore, il est *l'Universel* dans la vie de chaque homme. Il est *l'âme universelle* et le *moi conscient* de l'univers. Il est l'Unité *universelle* ou l'Etre *universel*, ou la Justice *universelle*, et pour cela, il n'a qu'à rester ce qu'il a toujours été dans toutes les religions savantes de l'antiquité et dans *la relation primitive*. Il est « *l'Etre qui est*, *qui fut et qui sera* »; l'ÊTRE conçu dans son unité suprême comme la loi vivante et consciente qui embrasse tous les rapports pour les harmoniser, de façon à nous être accessible constamment et toujours par l'universalité de son âme qui est la vie même de l'Univers et par la libre communion de notre raison conscient avec la Raison vivante et consciente de *l'Univers*, de l'Univers pris pour l'ensemble des choses et qui est *le corps de Dieu*, où la pensée divine s'objective, avec le concours de tout ce qui est, dans *le devenir* indéfiniment varié d'une création éternelle, d'une création qui n'a jamais eu de commencement et ne saurait avoir de fin, car partout la vie nourrit la vie, et il n'y a pas d'épuisement possible là où la vie des êtres s'entretient par le travail et l'échange des produits de chacun, au sein de l'atelier cosmique qui lui est affecté, et alors que l'immense univers nous offre le spectacle d'un ordre parfait, immuable dans ses lois et toujours changeant, toujours nouveau, toujours progressif pour les êtres relatifs qui y concourent, au sein de l'infini, à la grande harmonie des choses.

Soufflez donc sans crainte sur toutes ces chimères d'une création fantaisiste et arbitraire, faite à un moment donné par un Dieu extérieur au monde. Dieu et le monde ne font qu'un, et l'Etre éternel, Ame vivante et Raison autonome et consciente de l'Univers, n'a jamais cessé de manifester sa pensée dans ce monde visible qui nous enveloppe de toutes parts et où nous sommes appelés à nous faire, de plus en plus, les coopérateurs de l'œuvre divine. C'est en travaillant sans cesse à connaître cette œuvre que nous parvenons à la fois à nous perfectionner et à améliorer notre domaine terrestre. Et c'est ainsi que nous nous apprenons à vivre d'une vie collective, familiale d'abord, puis sociale et bientôt humanitaire. — Les meilleurs la possèdent déjà par le sentiment, et c'est leur idéal. Mais il ne faut pas s'en tenir là. On doit faire un pas de plus, c'est-à-dire s'élever par la pensée jusqu'à l'*Universel*. C'est là que se trouve la fonction divine et le critère de certitude pour toutes nos espérances, toutes nos fois et pour toutes nos sciences, car c'est là que se fait l'équation de l'idéal et du réel, au sein de la grande harmonie des rapports et de la vie éternelle. C'est là Dieu et il n'y en a point d'autre.

Aimer Dieu par-dessus tout et aimer l'humanité, sont une seule et même chose, et c'est encore la même chose d'aimer l'âme du monde, dyname ou souffle de vie, qui anime tous les êtres pour les faire tous communier ensemble et les faire tous concourir à la grande harmonie de l'Univers. L'Etre pris dans son unité éternelle et consciente, c'est *le Père*, synthèse universelle où aboutissent tous les rapports; *l'humanité*, comme expression la plus élevée de la pensée et de la vie divine, c'est *le Fils;* enfin, le souffle, l'esprit, l'âme universelle qui anime tout ce qui est, c'est *le pur Esprit.* Et c'est bien là ce qu'a voulu dire saint Paul par sa phrase tant de fois reproduite et si peu comprise : « *In Deo vivimus et movemur et sumus* ».

Mais les trois termes sont inséparables, et il faut se garder d'y voir trois *personnes*, *trois individualités.* C'est de l'idolâtrie! On crée ainsi trois fausses entités. Il n'y a là que les trois attributs essentiels (hypostases) de *l'Etre,* et non pas seulement de l'Etre conçu dans son infinitude, dans son absolue perfection (Dieu), mais les attributs nécessaires *de tout être.* En effet, on ne peut concevoir un être vivant qui ne soit, à la fois : *Moi*, *non-Moi et rapport* ou *sujet, objet, relation.* C'est pourquoi il est vrai de dire, avec le Positivisme, qu'il n'y a que « du relatif dans le monde phénoménal », pourvu qu'on reconnaisse que tous les rapports aboutissent à l'Unité universelle, laquelle est adéquate à *l'Infini*, qui est éternellement *la somme* de tous les rapports, dans leur *devenir* indéfini de temps et d'espace. Ceci est de la métaphysique, mais aussi démontrable que le moindre théorème et aussi évident qu'un axiome de géométrie. Et j'ai prouvé Dieu.

VIII

CONCLUSION

CHAPITRE VIII

CONCLUSION

S'il est vrai, comme nous le croyons, que les idées mènent le monde, ou tout au moins les sociétés, il se prépare dans les sociétés humaines, une véritable révolution. Les peuples enfants croyaient, en pareil cas, à la fin du monde; nous n'y croyons plus, mais nous savons ceci : qu'il y a des changements dans le monde et aussi des époques palingénésiques. Lorsqu'en France, on eut étudié l'état des choses, au siècle dernier, et qu'on eut rédigé les cahiers généraux, tout le monde se trouva d'accord, même les nobles et les prêtres, sur la nécessité d'une révolution politique qui supprimerait les abus. Aujourd'hui, il semble que sans avoir fait la même étude, on a pris la même résolution. On s'aperçoit que tout est à changer. Le *Socialisme* est l'expression de cet état des âmes; seulement, comme il y a un siècle, s'il est fixé *sur ce qu'il faut détruire*, il n'en est pas de même *sur ce qu'il faut édi-*

fier. Cependant, si le Socialisme, qui est à l'ordre du jour, ne sait pas reconstruire, il n'aura pas de meilleurs résultats que notre Révolution de 92. On n'aura pas créé l'ordre nouveau.

L'ordre est un principe éternel et nécessaire, sans lequel il n'y a pas de sociétés possibles. Après avoir détruit et supprimé le mal, il faudra, avant tout, reconstruire un ordre meilleur. C'est à cela que nous voudrions travailler dès aujourd'hui. Si rien n'est préparé, nous serons encore une fois voués à cette anarchie qui a succédé à notre grande Révolution politique, et qui dure toujours. Tels sont les sentiments qui ont inspiré ce livre. Nous passons sur les temps qui nous séparent de la dernière crise révolutionnaire. Elle fut violente, excessive et à peu près inutile. On n'avait pas fait cette révolution pour arriver à l'épanouissement de la guerre, qui mit la France en retard sur toutes les autres nations. Si elle eût été en mesure d'établir la paix en Europe, nous n'aurions eu ni les tristes gloires des champs de bataille, ni les siècles de guerres qui vont succéder aux siècles de paix. Un peuple est un tout qui a besoin de toutes ses classes. Ce n'est jamais impunément qu'il se sépare en plusieurs morceaux opposés les uns aux autres par leurs aspirations, leurs intérêts, leurs croyances. En livrant la France aux classes les moins éclairées, on fit reculer le monde de cent ans, et on décapita la France de son élite intellectuelle. Dès lors on ne pouvait plus se distinguer que par la guerre, et pour cela, il fallait n'être ni une grande intelligence, ni une conscience délicate et éclairée. Ce fut, et c'est encore, un retour à la barbarie. Nous aurons un jour à regagner le temps perdu, si c'est possible. Et maintenant que nous nous trouvons dans une situation pareille à celle d'avant 89, allons-nous voir encore les violences sociales partager la France en deux ou trois classes, et le retardement de la civilisation générale se produire (car il est avéré que la France occupe une trop grande place dans le monde pour ne pas donner le branle à toutes les autres nations. Ce serait donc bien encore un véritable retour à la barbarie). Et cependant la France n'est pas passionnée pour la guerre, nous croyons même que ses populations en ont fini avec l'âge héroïque et ne demandent qu'à jouir, tranquilles, des bienfaits de la paix. Elles ne se battront que contraintes et forcées. Mais elles ne sont pas encore assez avancées pour dédaigner les provocations de gens intéressés à la guerre.

Comme toujours, les rois et les princes y sont seuls intéressés. Mais ils savent se servir de l'or de leurs peuples pour changer les dispositions des masses peu éclairées et faciles à tous les entraînements.

Or, il y aurait eu un moyen d'instruire les peuples et de leur enseigner la vérité sur leurs véritables intérêts. Malheureusement, on n'a rien fait pour éclairer les nations civilisées tout en laissant les mauvaises passions y faire les plus grands ravages et détruire les vertus mêmes qui furent celles de la barbarie. De sorte que nous avons une civilisation très brillante, très intense chez les uns et une ignorance crasse chez le plus grand nombre, particulièrement chez ceux dont on se sert pour faire de la chair à canon.

Et maintenant, on a beau se tourner et chercher des remèdes à cet état de choses, on n'en trouve aucun, à moins que ce ne soit dans la religion. Mais les vieilles religions, toutes basées sur la foi, n'ont plus d'action sur les âmes et restent impuissantes à guérir le mal, et, sans le vouloir peut-être, elles contribuent même à l'augmenter.

Du reste c'est le sort de toutes les religions ; toutes sont mortes par suite des superstitions, des fictions et des mensonges qu'elles continuaient à enseigner même quand les peuples n'y croyaient plus. Le clergé, dans toutes les religions, est cause de cela. Il ne s'occupe qu'à vivre de l'autel, et à enrichir sa caste. Toutes les théocraties du passé n'ont cherché qu'à entretenir l'âge d'enfance des sociétés. Les religions n'ont d'action sur les hommes que lorsqu'elles sont jeunes et répondent aux besoins et aux aspirations des populations.

Si les anciennes religions sont impuissantes, il y aurait lieu de les réformer et de les mettre en rapport avec le développement des âmes et de leur idéal. Eh bien, l'idéal religieux aujourd'hui, au lieu de marcher devant l'esprit humain, est en arrière de son développement. Il faut donc donner une autre base aux sociétés. Jusqu'ici on a cherché à obscurcir la vérité, il faut au contraire l'éclairer en y ajoutaut toutes les lumières de la science. L'idée de Dieu, par exemple, entourée de nuages et de contre-vérités, doit être démontrable à chacun et à tous. C'est du moins ce que nous avons essayé de prouver en montrant l'univers visible comme le corps de la divinité.

Nous voudrions qu'on fasse pour la religion en général ce que nous venons de faire pour l'idée de Dieu, et ne rien laisser exister dans les croyances religieuses qui ne fût accepté par la Raison et par la Science. Nous sommes obligés de dire que le Christianisme a fait tout le contraire, en plaçant la foi au-dessus de la Raison et professant avec saint Augustin et Tertullien le fameux *credo quià absurdum*, qui scandalise encore de nos jours les gens les plus raisonnables de la chrétienté. Nous serions charmé que le christianisme, en se purifiant de toutes ses fictions et de tous ses miracles, reprît la direction du monde et nous donnât le règne de l'Esprit de vérité qu'il a promis, mais que nous attendons toujours. Ajoutons même que la *Religion universelle* que nous professons n'a pas d'autre but, et peut s'offrir au monde comme une tentative de *rationalisation* religieuse universelle, et à la portée de toutes les consciences.

———×———

TABLE DES MATIÈRES

Nantes, Imp. F. SALIÈRES, rue du Calvaire, 10.

www.ingramcontent.com/pod-product-compliance
Ingram Content Group UK Ltd.
Pitfield, Milton Keynes, MK11 3LW, UK
UKHW021940200726
13856UKWH00005B/428